微观生活史

海上食事 下

张伟　　陈子善　　主编
孙莺　　编

上海文化出版社

果　蔬　拾　遗

消暑杂话

西神

　　夏日饮料，最宜注意，余体苦湿，可终年不饮茶，间遇朋好馈赠佳茗，辄于良夜料理茶具，竹炉蟹眼，静沸瓶笙，便觉此中饶有禅理。然经岁之中，似此佳夕，亦不数数觏也，酒则涓滴不入口，差同陈仲子之廉。每至夏令，唯一饮品，为以鲜柠檬汁和冷开水调融，置冰糖少许于内。柠檬为祛暑珍品，其酸汁能助胃之消化，味澹而永，视酸梅汤隽逸多矣。有时欲色香并擅，则置花旗橘汁于内，色蘸轻黄，香同瓜汁，真饮料中无上妙品。冰太寒冷，间一尝试，不能多饮，非徒体弱不任剧寒，亦以头衔冰清，差非热客，不敢学长安冠盖贵人，纷纷从褴襻子狂吞大吸耳。

　　罐头食品中，果子一种，以美国舶来之樱桃为最可口，颗颗匀圆，有与吾国海棠果比大者。先以沸水静置待冷，滴柠檬精，或桂花汁、玫瑰汁，数滴于内，轻红浅绛，香透酸回，随饮时之嗜好而定。后加樱桃于中，玉匙银叉，闲吟浅酌，自然引起绝妙诗情。近来国产亦有此品，实小而核大，樊素香唇，雅逊西方彼美，差同婢学夫人。非但唐临晋帖，饮食嗜好，随人而异。夏日之西瓜，嗜者十人而九，独余不甚喜之，偶一入口，必择雪瓤之甜洁者，亦但漉饮其汁少许，

不敢效伧折夹取江瑶柱满口大嚼也。若剖开之时稍久，便觉
腥闻触鼻，任何佳种，些谢勿纳。然此犹或勉强能之，至王
瓜则为余生平大忌，案有此味，逃席乃已。少时家人以王瓜
镶肉，哈余尝试，甫入口中，遽如陈于陵食鶂鶂之肉，棘肠
棘喉，吐泻满地。历数十年，此癖未除。或诮余非有仇于王
瓜，殆因与瓜同姓，唯爱之深，遂不忍置之齿颊耳。余一笑
置之。自亦不能说明其不嗜之故，但觉其腥味特殊，一莸一
薰，十年同臭而已。忆在南洋群岛时，侨商喜食一种嘉果，
名曰"流连"，实大如瓠，外丛棘刺，与江浙产之栗子相似，
果肉略似香蕉，而腥味则更甚于王瓜，隔屋食之，臭闻邻座。
华侨遇此果登盘时，不惜质衣借贷以谋一饱，谓非第其味美
也，祛暑避疫，功且同于良药，故佐餐解渴，咸非此不可。
然初到南洋之华侨，则亦与余同恶，避之唯恐不远，说者谓
能食此果，方许流连海外，长作侨民，顾名思义，非尽无因，
嗜好之不同，有如此哉。

　　香瓜黄者名"金蜜罗"，吾乡石塘湾产者，青皮绿玉，
风味特胜，大鹤山人《樵风乐府》，有《梦江南东笃闇见饷
梁溪佳果》词云："芙蓉水，碧浸石塘瓜，玉手金刀初破月，
冰心银液胜餐霞，甜雪雪儿家。"即咏此瓜也。今夏余因事
旋里，购得十余枚，携至沪寓，童孺争食，刹那都尽，余仅
尝取一片而已。或问余如此俊味，安得更云不佳，余笑应曰，
尝一滴知大海味，诚不能学君等多多益善。

消夏宜填词，一字推敲，浑忘寝食。静坐明窗净几间，再无些子炎歊，扰人清梦。

原载《小说世界》1925年第 11 卷第 2 期

瓜

杨铁华

　　热天溽暑，西瓜上市，小子素有诗人——诗屁之名，打算做首咏西瓜诗，然而经书上没有西瓜的字眼，不过《诗经》上有句"七月食瓜"，之瓜也，想系香瓜（俗呼金瓜），不是西瓜，何以故呢？因为《礼记》上有"为天子削瓜者副之，巾以絺。为国君者华之，巾以绤。为大夫累之，士疐之，庶人龁之。"所谓削也，副也，华也，累也，疐也，龁也，都可以证明乃是金瓜，尤其是龁之，请问西瓜可龁否，因此我说周朝的瓜乃是金瓜，大概后来西方的外国有瓜输入中国来，我中国人食之而甘，都向西人购取，利权外溢，于后始知收子种瓜，即谓之西瓜，其或然欤（有人说西瓜从西域来）。

　　神经过敏的我，以为西瓜或者明朝时代才有的。您想，施耐庵《水浒传》中，说强盗打劫，其时天气甚热，人们都饮酒消热（假使饮烧酒，但能添热），而不及西瓜。照这个看起来，西瓜的确是挽近才有的。

　　话又要说回来，可是刘郎不敢题糕字，现在五经上虽有金瓜之"瓜"字，而四书上却似乎没有一个"瓜"字，我说："不不，《论语》上何尝没有'瓜'字呢？我念给你听，'虽蔬食菜羹瓜'，岂非《论语》上亦有'瓜'字么？"一笑。

西南北都有瓜，而东独付缺如，乃谓之"冬瓜"，横竖一东二冬，可以通用，"冬"盖"东"之误也，无所考据，不敢强解。

世界书局《新主义国文读本》四册四五课，瓜之种类，中有"南瓜黄，煮熟充饥可代粮，北瓜红，只堪摘下案头供"。余大奇，盖以为南瓜案头供者也，北瓜乃代粮耳。既而之苏，苏人呼南瓜为北瓜，北瓜谓为南瓜，之沪，之杭，称谓亦如之。闻其他各处，命名悉与吾常州相反，乃如此误在常而不在他处，则南瓜可代粮北瓜案头供是也。

原载《申报》1928 年 7 月 18 日第 21 版

四瓜漫谭

倚石

十八日本栏刊杨铁华君稿《瓜》，应时之作，于溽暑中读之，似觉别饶风趣，想日内当续有瓜之佳话，瓜之考证，山海内文坛健将供给本栏，以点缀此离离瓜熟之破瓜时节也。杨君文中有"西南北都有瓜，而东独付缺如，乃谓之冬瓜，横竖一东二冬，可以通用"云云，本此，则东南西北均种瓜矣，爰亟撷四瓜之断零碎片，缀为此文，以充篇幅，而博一哂。

东瓜

形长如枕，色丽如翡翠，为六月菇素时重要菜蔬之一，食时剖开之，剔去瓜瓤，将瓜肉斋切成瓜条，或瓜丁，置饭镬上蒸之极熟取出之，泼以糖醋酱油等调味品，味之佳妙，不让珍馐。荤食者，则切瓜成块，加虾仁火腿等同煮之，所谓火腿东瓜汤是也，此味在徽馆中食之，价颇昂贵，自煮之，则极廉，且亦极便，夏季食之，极清爽。

南瓜

一名香瓜，名梵瓜，苏浙一隅，产之极富，其形有二，所谓枕头式与合盘式者是也。此瓜于农人家，虽多用以喂豕，然因其含糖分极富，故去其皮瓤，斋切成一英寸长，半英寸宽厚之小块，加油少许炒之，加糖盐各少许，俗名炒南瓜，其味极佳，为夏季之佳点。有生小孩者，和煮熟之瓜肉少许于面粉中，制为团饼，色极美丽。若将瓜藏至冬季煮食，则水分减少，糖分增加，味益甘美。

西瓜

西瓜之受人欢迎，在于瓢中之水分，固尽人皆知，无待赘述，殊不知其皮亦颇有用处。将食残之皮，披去剩余之瓢，留皮厚一分而弱，投入酱缸中，酱一星期取出之，其味甚佳，较诸普通之酱瓜，有异曲同工之妙，置于酱中，且能久藏不坏；将瓜皮晒干，切成细丁，蒸之使熟，调以糖醋等品，味酷似干菜，而有一股清香气。此二者，均可为夏季之佐粥品，极美味而卫生。至若制灯，为儿童恩物，入夕，内燃烛火，亦为消夏之一法也，特附及之。

北瓜

上述三瓜，或可佐餐，或可充饥，或可解渴，唯北瓜则独标异韵，供人为陈设点缀之用。北瓜之形，略如合盘式之南瓜，唯大小仅及南瓜十分之一，色自淡黄以迄于深赤，各色齐备。栽培者待其将熟未熟之时，以指甲或针类摇刺其皮层之四周，为各式之花色，如人物鸟兽或图案画，被摇处，泌出滋液，随凝结成凸形白色之花纹，美观之至，洵为案头之无上饰品也，若配以架座，则更佳矣。

原载《申报》1928 年 7 月 27 日第 22 版

食荔枝

兰茜

食荔枝的季节，月来正是岭南士女们最开怀的时候了。本来，在我们粤中，在暮春三月之际，江南之草初长，而荔枝也已经上市了，这时候的荔枝名为三月红，虽然很大，可是不宜食得太多，因为三月红略有湿毒，多吃了会害病的，而且味道甜中带酸，核子又大，并不使食者怎样满意，要吃还是现在的好。现在有的是黑叶子、糯米糍等类，糯米糍样子细小，然而味颇甘厚，核子极小，仅大如剥壳的毛豆，含米质甚多，所以多吃了几只你便可以不需吃饭了。

当我未离粤时，每逢荔枝上树时，亲戚中有果园甚多的黄君，便常邀赴园中采食。这时候，只见整行果树，鲜红的荔枝满丛临风招展，一如窈窕动人的女郎，我们就这样的狂吃着，看中了哪一个就吃哪一个，主人家是不会担心你吃得过多而对于他的收获有所减少的，虽然有时候他也采些下来拿到市场去卖，但只是"剩余"或"吃不尽"的一种对付方法而已。我现在身居沪滨，回想到那时候的生活时，荔枝的余味，犹存在齿颊之间。

上面说的是私人的"吃荔枝"，公共的吃荔枝的所在，也不可不提及。粤有"荔枝湾"，为专产荔枝的集合地，听曾到过那里的人说，荔枝湾是一个公开的吃荔枝的场所，吃的只须纳费一毫，任君大食以至腹涨都不管，却不能放进一粒在你的袋中去，假如袋了，立有明令惩罚，所以荔枝湾畔，食客如蚁，规律甚严，秩序颇佳，可惜吾邑相离尚远，不能在那边欣赏一回，是引为憾事的。

现在，我要讲上海了，上海没有荔枝出产，都来自闽粤等地，上箱时新鲜美好，到这里已经大变原味，且有烂掉了的，可是物以罕为贵，在粤中的"果栏街"（卖小果的店行）上倾弃着让给猪狗咀嚼的下等荔枝，在上海的果贩的担子上，还被称为一批难得的上品呢。

然而好的未尝没有，价钱贵些就是了。

原载《申报》1929 年 7 月 15 日第 18 版

元宝茶和打抽风

影朵

废历的口号，虽已呼号了多年，但国历直到如今，依然尚未奉行，而阴历年也到如今没有废除。到了阴历的岁尾年头，一般的人们便会用元宝茶来打抽风，你如待在那时节到亲戚人家或是茶坊酒馆走走，那非得要破钞几文不可。

上海本来是繁华的都市，唯其是繁华，所以一切的费用，也比较别处来得高贵。到了废历的年底，你如果踏进了一家浴堂，而这家浴堂，平时你是常去的，堂倌便会笑眯眯地拿了一篮黄橘子，一荷包橄榄，放在你的前面，另外除了一壶茶之外，又有一碟橘子和橄榄。浴罢了身，临走的时候，你如果要捧着橘子、橄榄，非得要赏他们一张五元的钞票不可，就是橘子橄榄不去拿它们，赏他们堂倌一元，擦背一元，茶资一元。这些堂倌还不称心，而要搡你白眼。拿钱去买气吃，想想真冤枉呢。

在上海除了浴堂之外，茶馆之中，一般的堂倌，到了岁尾年头，也有这套把戏。你如果是老茶客，那么在岁尾年头，也要请你破钞两三块的元宝茶钱，所以奔走于茶坊酒馆和浴堂里的人，到了一个年头多少要破费些额外的费用呢。

抛开了上海，来一说我们的乡下，茶馆里的元宝茶向来是有的，不过今昔不同价格悬殊就是了。从前乡村茶馆，到了年头，一壶元宝茶，共有十枚橄榄，你只要给他们一二百文，四百文已非常出客，但现在非四角八角不可。高尚一些的茶馆，平常名士风人所涉足的从前几角钱，现在也要一两块钱呢。元宝茶的价值，也随着物价而增高。

从我们的乡下说到城市之中，近来故乡松江，也仿照了上海的法子，本来元宝茶，除了十枚橄榄之外，另无他物，而现在也加上一篮黄橘子，一荷包橄榄，你如果是个老茶客，这两样礼物，代价非二三元不可呢。都市和乡村里面，又显然有一种不同的色彩，

在年头的时节，你如果走到亲戚的家里，那娘姨们也会送上一碗元宝茶来，你临走的时候，客气一些，也要破钞四角钱，如果平时常常去的，那非得要一元钱不可呢。至于我们乡下大概是两角钱。四角吗，已是很出客的了，在娘姨们的眼光之中。上海的娘姨，两角四角钱，看得很轻，但乡下的娘姨，却已看得很重，生活的不同，结果使她们对于金钱方面眼光也是不同了。

橄榄为何可作元宝？橄榄茶为何可当元宝茶？这哑谜儿我总打不破，一般的堂倌们、娘姨们，无非是把橄榄当作了一种打抽风的利器，到了岁尾年头，利用了橄榄说句好话，便可得一笔意外的收入，而一般的人，也都把元宝茶当作了好口彩，吃了元宝茶便可发利市，财帛进门的，所以也很愿

意破钞几文。至于那些堂倌和娘姨，我想起来他们和她们，心里总是巴望着一年三百六十五日之中，天天是大年初一呢，这样便可天天得获外快了。

原载《申报》1933 年 1 月 31 日第 19 版

胡瓜与茄子

谢六逸

今年上海的气候全不顺调，春日姗姗来迟，身上还穿着厚重的冬衣，愁云惨雾，凄风苦雨，国事也是如此。

每年到了夏初，我便想起自己心爱的两种蔬菜——胡瓜与茄子。

胡瓜与茄子的相貌都生得很丑陋，青绿略带黄色，皮面有微微隆起的小痣，正像一个十七八岁的小后生，脸上长着春情发动期的极好——面疱（日本人曾经发明"面疱熏""面疱时代""面疱文学"等等新颖的名词），这就是胡瓜。胡瓜的皮面上有隆起的小痣时，就是供人饱啖的时候了。

黑油油的，光滑得像绸缎一样，形式则有种种，有的像把 GE 牌电灯泡拉长了似的，有的细长而微微弯曲，在我们家乡，有的圆得像一个皮球，这就是茄子。

到了春天，我们家里几乎每天买进这两种蔬菜，以供食膳。割烹的方法极其简单，胡瓜先用盐渍，再用冷开水洗净，或轮切成片，或连切而不切断，浇以糖、醋、酱油、麻油，依我们家乡的制法，还须加上干辣椒末与蒜汁之类。茄子的吃法是把它放在饭锅里蒸熟，也用冷开水浸过，撕成细条，调味的东西和胡瓜所用的一样。如照家乡的制法则就麻烦了，先是把茄子剖开，用切腰花的方法，在茄子的表面纵横地切成，然后放在猪油里面炸成黄色，取出再和肉丁、酱油、醋、葱等等煮几分钟，但这种烧法太麻烦了，必为上海的"光禄寺"所不喜欢，故我家并未采用。

"我国的特产"，据说除了"将军"之外就是"宴席"，宴席的烦重与过多是人人知道的。不过家庭的食物有时也不免复杂，你只消走进每份人家的厨房里去参观一下就可以证明。在厨房里堆满罐、瓮、锅、瓶，墙上布满油黑色的灰尘，即是勤于整理的人家，也不免有油气扑鼻之感。我从前住在江湾路林肯坊时曾下禁令，厨房里除开煤气（Gas）灶和碗橱一具外，不能陈列他物。果然清洁了四五个月，四五个月之后，就被日本的新式 Samunai（武士）捣毁了。

中国的将军不能上阵，大约就是平素的食膳过于精美的缘故吧。燕窝鱼翅既未便在阵地割烹，那么为什么要牺牲性命去上阵呢。

在这个念头还来谈吃的东西，大约也和今年的上海气候一样，全部顺调，但编辑先生是那样的热心，所以不能不介绍我的"胡瓜与茄子"。

原载《食品界》1933 年第 2 期

罐头水果研究

冼冠生

最近实业部当局，为挽救农村破产这一危局，拟就具体计划，推销水果的输出量。冠生服役食品事业，垂三十年，不敢谓有如何经验，但对此关系国民生计，以及本身事业的问题，愿以罐头水果研究，和当局共为商榷，至于列举水果产地，和推销方法，可说是撰文的副作用，希望我嗜好罐头水果的读者，和深富创业兴趣的同志，得一参考的资料而已。

可以制罐的水果，其类有如左述：

桃

桃子并非是制罐的主要材料，且其成分亦不尽合生理需要，它有水蜜桃、碧桃、白桃、金桃、乌桃等类别。山东占全国产量的第一位，肥城所产，生时可制罐，熟时可用管吸收其水分，荣成、即墨、福山、牟平等地，都是产桃的区域。

讲到河北，深县的水蜜桃，蔚县的秋桃，昌黎、涞源，每年生产的桃子，销路异常广阔。浙江也是产桃区，吴兴为最，其他如上虞、慈溪、奉化、余姚，其中尤以奉化的水蜜桃、小蜜桃，以及慈溪的水蜜桃，脍炙人口。山西的武乡，江苏如上海、海门，安徽的太湖，都有大宗出产，供应市场。

李子与梨子

徐州砀山李子，非常名贵，大如饭碗，也可用管子吸收它的汁的，无如出品甚多，外埠不大发现。国内产梨区域，达十五行省（河北、山东、河南、浙江、湖北、广东、山西、江苏、安徽、湖南、福建、贵州、云南、察哈尔、河西），河北产量最富，且为农民的主要副产，它的种类有酥梨、蜜梨、香水梨等。山东产梨区域，如莱阳、即墨、荣成、平阴等县，每年输出极多。广东淡水红皮沙梨也很有名，年值三十万元，产地有柴舍、惠阳、宝安、乐昌等处。浙江有孝丰、义乌、玉环等产地，湖北的荆门、宜城、应山，江苏的砀山，安徽的太湖，河南的林县，福建的闽清，辽宁的盖平，贵州的都匀，云南的河西，江西的浮梁，都是罐头梨子的主要取给场所，而由天津、烟台分发至各地者。天津生梨，功能助肺，制罐发售，销路颇大。雪梨产于广东，是患热病者的无上果品，有混和蜜糖而炖食之者，及制罐发售者，南华等处，颇能畅销。

苹果、樱桃、杏子

苹果一物，老小咸宜，所以嗜好的人类很普遍。河北、辽宁、山东、山西、河南、湖南等省，生产很多。怀来、昌黎、遵化、大名、邢台、密云的苹果，非常著名，每年输出总量约值三四百万元左右。山东也产苹果，福山、莒县更是其中的翘楚。湖北、陕西虽有生产，可是远逊上述几个区域。

1930年代冠生园鲜果子露广告

冠生园果子露
刊载于《美术生活》1934年第5期

　　樱桃同样可制罐发售,产地也不少,浙江塘栖、徐州等处,最著名。杏子以南口者为上乘,亦当年冯玉祥、张学良血战之地。北平制蜜饯杏脯的杏子,有大王、二王等类,非常名贵。冠生园每年收用北产杏子,制造杏酱,数约一千余担。沪上外国兵轮,以及有名餐馆,大都加以采用。河北宛平、昌平、怀来、廊坊,年产很多数量。江苏的如皋以及杭州,均有出产,但数量质料,不如北方多多。

波罗蜜、桂圆、荔枝、杨桃

罐头制成的菠萝蜜与荔枝，颇畅销于长江一带。汕头制者价格特廉，一元可购五六罐，粤港制者略贵，物质略美。同时浙江及长江一带内地人民，不惯于汽水风味，炎日当空，他们常以此代替冷饮品的。菠萝蜜产于广东的指江、文昌、徐开、海康等地。每年产量约十万元左右。桂圆当然是兴化所产最名贵，近来销于国内约二万担左右，销于外洋四千担，足迹遍达海外日本、朝鲜各地。荔枝味甘鲜嫩，销路甚大，广东的增成、番禺、宝安、从新，福建的福州、福清、连江、泉州、仙游、莆田、漳州，都是荔枝的产地。上海、天津、香港、南洋群岛为其主要的发售中心。

原载《食品界》1933 年第 4 期

谭谭西瓜

嘴张

天是出奇的热，热了不免要想着西瓜，可是几爿高贵的水果铺子里还仅将一两个算稀奇的西瓜，当宝贝般地陈到架子上，看这样子离我们穷措大大啃大啖的时候正还远哩！唉，望梅可以止渴，而说西瓜也未尝不可以解暑，我们且随便谈谈"瓜儿经"吧。

西瓜不是中国本有的东西，欧阳永叔《新五代史》云："胡峤居契丹七年，自上京东去四千里，至真珠寨，始食菜。明日东行，始食西瓜。土人云：'契丹破回纥，得此种，以牛粪覆棚而种，大如中国东瓜而味甘，因名西瓜。'"由此看来，西瓜这东西，是在五代时候，由回纥而入契丹，由契丹而入中国，自西方慢慢而东传进来的，故它得了西瓜之称。可是后来由中国更东而传到了日本，变成了枕头西瓜，更由日本将这种枕头西瓜复返传到中国来，中国人便赶着它叫西瓜了。《上海县志》云："东洋西瓜产江桥区，吴淞口一带，及闵行等处，四月初下种，七日发生，比之邑产，蔓较细，叶较长，结实椭圆形，六月成熟，小者五六斤，大者十余斤……俗名枕头西瓜。"哈哈，既叫它做西瓜，又要加上"东洋"二字，真是矛盾极了，何不爽性叫它做东瓜，同原来的东瓜闹一个双包案呢。

西瓜的皮色，有花皮、黑皮、野鸡皮三类，西瓜的瓤，分红黄白三色，而西瓜子也有黑子、檀香瓜子、蝴蝶子三种。深黄瓤俗名辣板黄，白瓤一名雪瓤，这二种瓜的味道最为甘美，实在分不出什么上下来，但因吃客们的心理作用，也会得发生东风压倒西风，西风压倒东风大的情形。数十年前，大家吃瓜，都是喜欢吃辣板黄的，而近来大家却都相信雪瓤起来，瓜贩子在弄堂里叫卖，也一声声只管嚷："阿要雪瓤西瓜？"只是雪瓤西瓜在上海虽然出足风头，但一到苏州，它又不得不将西瓜大王的卖座让诸辣板黄了。在深黄瓤和白瓤以外，便要数深红瓤。苏州有一句俗语，叫做"包拍大红西瓜"，苏州人称深红为大红，从这一句话里，便可以证明大红瓤货色的"勿推板"了。其次是淡黄瓤，书名麦柴黄，而其次是粉红瓤，最下便是所谓白葫芦，这是一种尚未成熟而被人采了下来的瓜，因为未成熟瓜的子是白色的，故得了这白葫芦之名，味淡如水，吃瓜而碰到了白葫芦，唯有丢向垃圾箱中去的一法而已。

西瓜的甘美与否，和瓤的颜色大有关系。人类没有皮里眼，哪能断定西瓜瓜皮里瓤的颜色是什么呢，但根据表皮的颜色去推求，也可知其一二。兹据三十年的吃瓜经验，约略言之。花皮西瓜（瓜皮上有条子纹样）有深色与淡色二种，大概深色的花皮，是深红瓤和深黄瓤居多；淡色的花皮，是淡黄瓤和雪瓤居多。雪瓤瓜的子是白鼻夹两条红丝的蝴蝶子，它表皮的颜色又是很淡很淡，和白色相近，所以又有人称它做三白西瓜。喜欢吃雪瓤西瓜的同好，你开西瓜的时候，挑极淡的花皮切下去，一定是把握较多的。黑皮西瓜（瓜皮翠绿近黑）大概是以深黄瓤和深红瓤为多。野鸡皮西瓜（瓜皮淡棕上布网状纹样）则又大概以深红瓤和淡红瓤为多。

　　除了以皮色推测西瓜的内容外，就西瓜的形式方面也可略求其内容。大约瓜脐的凹度愈深，则瓜味愈甘美，十分圆整光滑的瓜，味儿反比瓜身微有坎坷者为次。上边所述的东洋西瓜，长形的枕头西瓜，货色很稳当，坏的极少，大多是深黄瓤。除了大个子的西瓜以外，还有小个子的西瓜，长的小西瓜叫浜，圆的小西瓜叫马铃瓜，皮薄味甜，全是深黄瓤，尤其妙的是巧够一个人吃，虽有个善于揩油的朋友，也要发生无从揩油的感叹。别以吃瓜为小事，吃瓜而艺术存焉，红瓤一定配上黑子，颜色是多鲜明；深黄瓤一定配上红色的檀香子，雪瓤一定配上白里夹红的蝴蝶子，色彩又是多调和。而且不特此也，将玲珑的小西瓜，顶门上开一个天窗，把里边的瓤和子取净，在皮上刻一点花纹，里边配置好了油盆灯草，到了晚上熄灭了气焰逼人的电灯，将这碗西瓜灯点起，碧绿的一点小光，火气全无，顿时会将你的精神导引到清凉世界去。

原载《时报》1934 年 6 月 29 日号外第 4 版

上海的水蜜桃

桃符

这几天市上已有桃子卖了，桃是上海有名的土产，很值得吾们耗费一点笔墨来表扬表扬的。上海桃的能负盛名于天下，归根结底，应当要算明朝嘉靖年间顾名世的功劳。顾氏在他的露香园中植有水蜜桃一种，因为这桃水分极多，而又甘甜如蜜，故得了水蜜桃之名。水蜜桃的风味为天下第一，所以上海便成为产桃的名地。顾氏水蜜桃种子的来源，传说不一，有说他得自河南，然据张鸣鹤的《谷水纪闻》所载，却说是传自大同的。世变沧桑，露香园荒废而为九亩地，那皮薄瓤甜，入口即化的水蜜桃，当然"皮之不存，毛将焉附"，被樵哥们一顿斧伐个精光，当燃料烧干净了，可是露香园内的水蜜桃虽已成为劫灰，但据《法华乡志》所载，则它的种子已遗留在龙华一带，所以后来龙华的水蜜桃便代替了露香园的水蜜桃而名重一时。

在四五十年前，小木桥及龙华一带的桃园还很多，不过近年来小木桥的桃园固然大都荒废，便是龙华附近种桃的人家也很少了。种桃的人家，虽则不多，然而每当废历三月中，成群结队往龙华看桃花的男士、女士、国人、洋人，还是多如过江之鲫。诗云："人面不知何处去，桃花依旧笑春风。"而今却是倒过头来，变成"不识桃花何处去，世人依旧逐春风"了。

在我们爱吃桃子者的心目中，正何尝不感慨系之，那么上海的桃树现在究竟以何处为多呢？现在的桃园大半已迁移到龙华西南的长桥一带去了，凡沪南区、法华区的南部，漕泾区的东部，曹行区和莘庄区的北部，周围数十里皆是。现在上海桃的出产区域，而其中尤以唐巷、陆家塘等处的出产数量为最多。

谈到上海桃的种类，据县志所载，是有毛桃、蟠桃、黑桃、绛桃、黄桃、李光桃、水蜜桃、半斤桃、五月桃等种种名目。现今市上最习见的是蟠桃、五月桃和号称水蜜桃的三种，另外有一项客种，是由奉化移植来的玉露桃，土客共计，止有这三四种而已。上海桃因水蜜桃而负盛名，所以在早初时候，桃园里以植水蜜桃者为独多。但是水蜜桃的产量极少，而且成熟的日子适当立秋时节，"秋风秋雨愁煞人"，将成熟的果实，往往横被摧残，收成很难有确定的把握，乡人因此多视植水蜜桃为畏途，而大都改植蟠桃，这一来更使那产量极少的水蜜桃大受打击，到了今日之下，那皮薄瓢甜、入口即化，蒂有小红圈的直斩货水蜜桃，已到了绝种的地步，市面上所号称水蜜桃者，大部分还不是将青芒圆桃和红芒圆桃等胡乱混充而已，五月桃的味儿，实不高明，不过因为成熟得很早（现在涌上市面的桃子便是它），有利可图，故张巷一带地方的乡人也颇有闭园专种的，我们却不愿意多去提它。

玉露桃以华泾南华园所栽植为独多，故现在已有改称为南华桃的了。至于蟠桃呢，它的型范是扁圆的，它的风味是隽妙的。我们既不能扎到蒂有小红圈的真正上海水蜜桃，恃以一过桃子瘾者仅此而已。可惜俗语云，"十蟠九蛀，若有一蟠勿蛀，却是歪里揪嘴（歪里揪嘴言其不整齐）"，桃虫儿已往往偏背了我们去挑好蟠桃先尝美味，我们唯有希望许多园艺大家，多想一点杀虫妙法，将这种仅有的好桃子从虫口里夺将下来而已。蟠桃以唐巷沈永春和唐家宅唐云大所栽植的白芒蟠桃为最好，肌理密致，水汁独多，味尤甘甜鲜洁；另外还有一种喜儿庙黄仲莲所栽植的散红蟠桃，虽则肌理略嫌其粗，味儿没有白芒蟠桃的动人，但它的样貌却美艳极了，淡绿的底子，间以鲜红的大斑点，脂红黛绿，娇媚欲流，真是一件秀色可餐的尤物，设使有人将这种桃子挑挺大的装上一盘给人家送作礼去，价廉物美，又风雅，又有意思，那是再相宜没有的了。

原载《时报》1934 年 7 月 6 日号外

吃藕的艺术

嘴张

秋老虎的毒热，虽然酷烈得像张口吞人一般，但西瓜已不是当令的食品，新秋解暑的恩物是生在污泥却不能损毁它的"冰清玉洁"的品质，只要用水拂拭一过，它的清白之躯，便依旧显现出来了，我们用刀将它解剖开后，便看得出它是多么的虚心，而且又是多么的聪明，圣人的心有七孔，它的心正还不止七孔哩，伶俐的小儿女，在七夕的子夜，用白嫩的小指儿，套在一片藕里，一口一口地吃着，同时又在倾听他们爸爸妈妈讲牛郎织女的故事。藕片上的白丝，一缕缕乘风飘荡，真好像天孙云锦，已飞至人间一般。吃藕总要照这样子的吃法，才有风致，才不将这"缟素皓然"之质，白糟蹋了。世有伧夫，用糯米将藕心妄行填实，然后又急火煎，慢火煮，把一个白嫩皎躯烧得乌黑稀烂，将一股天然清甘之味，完全烧掉，临吃的时候，还得另行加糖，这种煮鹤焚琴的举动，用来对付来春清明节边的老藕还可以，却怎忍在此随便下手呢？伏愿世间吃藕者切勿效之。

不特藕是新秋解暑的恩物，便是荷叶也何尝不可以佐食。六月里吃雷斋素，等到秋凉开荤的时候，已经一月不知肉味了，当然谁也得赶快煮一点肉尝尝，那时节池子里的荷叶芯，已经长得亭亭如车盖一样，不妨折几张来包粉蒸肉吃。用鲜荷叶包的粉蒸肉，清香适口，味美无比，而且腴淡得中，和清淡了一个长时期的肠胃是十分适宜的。荷叶除包肉吃以外，还可泡汤代茶饮，其风味并不输龙井或者白菊花多少。近来爱看小册子的杂志，在某一本小册子中（小册子多压在网篮中，恕我不能举其名目和卷页数字了）载着监狱中的难友偷制纸烟，是以荷叶屑代替纸烟丝的，这当然又是一种新兴的吃荷叶方法了。然而这不见得吃的是新秋时候的鲜荷叶，我们别管。

不特新秋的荷叶可以佐食，莲花也可以吃的。济南府人最爱吃这东西，菜挑子上，常常看到搁着一把一把大明湖出产的莲花儿，买回家里，剥去外边的老瓣不要，光剩里边的嫩芯，然后开个热油锅儿，将它嗤溜溜地一炸，吃的时候喷鼻儿香，比了春天吃的玉兰片还要好得多。

不特莲花可以吃，新秋时候还有新莲子呢。将新莲子去皮除芯，煮成莲子羹，淡淡儿搁一点糖，有一种极自然的甘美滋味，有一种极幽雅的清香，而且白白的，胖胖的，一颗颗地浸在碧清的羹汤中，更具有珠圆玉润的姿态，从色香味三方面不论哪一方面来看，它都要胜过夏季的绿豆汤一筹。

不待莲子好吃，便是"茄"（这茄不是茄子的茄，也不是胡茄的茄。当然更与胡茄姑娘无涉，乃是芙蕖茎的专名，见《说文·草部》），也与饮食有关的。古时候的名公巨卿，在暑天用荷叶盛酒，把针来将荷叶接连着的"茄"刺通，互相传饮，名叫"碧筩杯"，酒是要通过了"茄"中的孔窍而入口的，所以清香之外，又幽香无比。苏子瞻有两句诗，道是"碧筩时作象鼻弯，白酒微带荷心苦"，最能将"碧筩杯"描摹尽致。"茄"不特可用以饮酒而已，顽皮孩子往往偷了老祖母烟袋里的旱烟，躲在门角里轮流着尝试吸烟，一看他们的旱烟筒哪里来的，那却又是用摘了莲蓬的"茄"做成的。

原载《时报》1934年8月24日号外

上海土产水蜜桃

水蜜桃是上海的土产，以味甘多汁，入口而化，不带酸味得名。桃种的来源，有人说从燕省，也有人说从汴省，唯华亭章鸣鹤曾确定它从大同来，说见《谷水旧闻》。上海开始种植的时候，大概在明代隆万年间，最初仅种在顾名世的露香园中。外间虽有传枝接本，但产品终不及露香园的优美，所以露香园水蜜桃便和顾绣、顾菜同样的名驰遐迩。

露香园水蜜桃的风味、色泽、大小、价值等等，明末清初松郡人士笔记中，记载最多。明张所望《阅耕余录》说："水蜜桃独上海有之，而顾尚宝西园所出尤佳，其味亚于生荔枝。"清初叶梦珠《阅世编》说："水蜜桃惟吾邑顾氏露香园有之，有种不知何自来，大者如小瓜，色红艳而味甘，每斤不过二三枚，其价值银一钱外，大约三四分一枚。"据清初吴履震的《五茸志逸》说，水蜜桃中有名"雷震红"的一种，每雷雨过辄见一小红晕的，尤为珍贵。

清初，顾氏子孙衰微，露香园荒废不堪。康熙初，调崇明水师营驻防上海，园址便改建驻兵的营房，于是摧树伐木，堙谷夷山，诗所谓"桃之夭夭，其叶蓁蓁"者，竟是一扫而空，一株都不留了。幸而接本已广，盛植于西城一带，佳种犹多保留。但据《阅世编》所记，桃味较前已淡，桃实亦较前小，每斤有四五枚之多了。

嗣后，城西南隅的黄泥墙一带，植桃最盛最佳，到乾嘉年间李氏吾园的水蜜桃，也曾负一时的盛名。吾园是光禄寺典簿李筠嘉别业，园址便在现时尚文路前上海中学所在的地方，这时候的桃，在褚华所著的《水蜜桃谱》中，有极详的记载。桃树多系接本，没有接换的，桃实往往小而味不佳，俗称直脚水蜜桃。桃花开在清明节前后，单瓣色稍淡雅，但极艳丽。桃熟当在立秋至处暑间，色略黄似建兰花，尖端微带红晕，香气逆鼻。食时甘浆溅手，消暑解渴，功效胜于瓜李，且无腹泻作痛的弊病。据说桃性喜干恶湿，独临河桃树所结的实，大而味美，却为映水桃，每斤不过三枚。又桃本渐老，结实渐小，但甜味比新接所生的尤胜。水蜜桃辨真的方法，食后吐核，核上有肉粘牢不脱，就是含咀太甚，仍有红丝缕缕，倘核上凹凸处净如洗剔所谓，便是毛桃而非水蜜桃了。

嘉庆以后，吾园荒芜，植桃区域移至南门外小木桥一带，色样颇胜，而味则远不如前，当时称为南门桃。同光年间，又盛植于龙华附近，于是龙华水蜜桃名声大著。自沪杭铁路通车，上海市场发展，就在龙华附近，桃树也寥寥无几。现时多种在龙华西南的长桥一带了。据前数年市社会局所调查，在龙华西南陆家塘所产的水蜜桃，形状是长圆而味凹，色泽黄白，向阳面染鲜红色，肉白，核椭圆形，近核处肉微红，粘核不脱，实颇巨大，每颗约重二百十余克，成熟期在八月上半月。

现在正是上海水蜜桃成熟的时候，所以作者追溯它的源流，特地写了这一篇，以供吃桃的人们参考。

原载《新新月报》1935 年第 10 期

白菜

廖楚咻

这几天，白菜一物，是颇为入时的蔬菜，在上海，也是论担论斤的买卖。鲁迅先生所说的"挂在水果店的檐下，论两出售，做鱼翅的衬底"，是只指一种天津白菜而言。《群芳谱·蔬谱》云：白菜一名菘，诸菜中，最堪常食。有二种，一种茎圆厚微青，一种茎扁薄而白，叶皆淡青白色，子如芸薹子而灰黑。八月种，二月开黄花，四瓣如芥花，三月结角，亦如芥。燕赵辽阳淮扬所种者，最肥大而厚，一本重十余斤者。南方者，畦内过冬，北方多入窖内。燕京圃人，又以马粪入窖壅培，不见风日，长出，苗叶皆嫩黄色，脆美无滓，谓之黄芽菜，乃白菜别种。茎叶皆扁，味甘温无毒，利肠胃，除胸烦，解酒汤，利大小便，和中止嗽。冬汁尤美，夏至前，菘菜盒，疗皮肤痒，动气发病。又有春不老，一名八斤菜，叶如白菜而大，甚脆嫩，四时可种，腌食甚美。

《埤雅》云："菘性凌冬不雕，四时长有，有松之操，故其字会意。"这大概真是白菜所以名菘的缘故。《本草》云："最肥大者，名牛肚菘。"《菜谱》云："有春菘，有晚菘。"所以《南齐书·周颙传》："颙清贫寡欲，终身长菜食，文惠太子问颙，菜食何味长胜？即曰：春初早韭，秋末晚菘。"春初的早韭，自然是指现在的韭芽，而晚菘的佳于春菘，也于此可见。

白菜之为平民常食的东西，大概由来已久，所以，古人总以食菘表示俭朴，《南齐书·武陵昭王传》："尚书令王俭诣晔，晔留俭设食，枰中菘菜鮰鱼而已。"

　　其实，白菜这东西在蔬菜中，不能算好吃的一种，韭芽、菠菜、荠菜就在它之上，不过滋味，颇为"中庸"，同时又多，所以人就常食之了。其实，讨厌白菜的人，也并不是没有。

　　《清异录》："江右多菘菜，鬻笋者恶之，骂曰：'心子菜，芦笋奴菌妾也。'"这虽则是鬻笋者因为白菜太多，而抢了他笋的市场，但白菜和笋比较，实在不过居奴的地位，不要说和香菌比了。

　　"大兵之后，必有凶年"，这是老子的话，然而白菜偏偏不是那样，它在大兵之后，并不同别的菜蔬同样的"馑"，而反大长特长。《辍耕录》载："扬州至王丙申丁酉间，兵燹之余，城中屋址，遍生白菜，大者重十五斤，小者亦不下八九斤，有劳力人所负，才四五窠耳。"然而这种说法，也不见得正确，目前兵戈满地，而白菜也不见得比从前格外的长大。

　　谢肇淛《五杂俎》知云："京师隆冬有黄芽菜韭黄，盖富室地窖火坑中所成，贫民不能办也。"那末，所谓黄芽菜，一定要从"火坑地窖中焙出""苗叶发黄者"始称，而目前江南人，则一切白菜，都叫它黄芽菜了。

　　其实，白菜与其说好吃，不如说好玩。目前上海人家有一种种在盆里的"红紫菘菜"，自然俗不堪耐，而沈三白《浮生六记》

上海人称白菜为黄芽菜

所载的"黄芽菜心，其白如玉，取大小五七株，用沙土植长方盆内，以炭代石，黑白分明，颇有意思"，实在较水仙等尤佳。

关于菘菜的专门著述，自以梁简文帝《谢敕赉大菘启》为最早，文有云："吴愧千里之莼，蜀惭七菜之赋，是知泮宫折芹，空入鲁诗，流火烹葵，徒专豳典。"则极赞白菜了。

最后，我更得说明的，就是古人所说菜，都是指白菜而言，而以凡是关于白菜的著述，总是把古人说到菜的，都收在里边，至于我，自然不能不谨严一点，只录一些说明菘菜的著述了。

原载《申报》1937 年 1 月 8 日第 16 版

谈水蜜桃

曾迭

前几天偶然在报上读到一张广告，大书奉化水蜜桃云云。水蜜桃是夏末秋初所结的一种果实，现在虽快有得上市，而时间上到底还早一些，所以这广告上的话，只是指的科学调制的罐头食物中的水蜜桃罢了。

物品因人而得名的很多，如东坡肉、湘妃竹之类，亦有地以物传的，则更多得不可胜数了，但于上述的水蜜桃，却两者都不是。

真的，在现在的上海，每逢桃实上市之季，奉化水蜜桃差不多是占据了整个的市场了，虽然说，所有的未必都是真正的奉化的出品，也正如上海龙华的蟠桃一样，都是浦东的产物而故意搬到龙华去，以炫奇以期高价的。虽然我是生长在上海的人，我一向只知道龙华的蟠桃是本乡一种名产，至于以科学方法培植的奉化水蜜桃，也还是近数年的新成绩，这亦是使我联想到"人杰地灵"上去的缘故。以前龙华的蟠桃故是有名，而每个之中必定发现蛀虫，实在是一种很大的缺点。科学化的奉化桃便无此病。现在居住在龙华附近的人说，则真正的龙华确已没有，这自然是由于那边已成了烟氛迷漫的工厂区了。

《广群芳谱》所载桃实的名色,是很多的,除了水蜜桃外,其他尚有昆仑桃、扁桃、新罗桃、方桃、饼子桃、巨核桃、金桃、银桃、鸳鸯桃、李桃、十月桃、毛桃、雷震桃等,而读了"水蜜桃"下的注解者,一定会觉得很奇怪,他说:"独上海有之,而顾尚宝西园所出尤佳,其味亚于生荔枝。"从这上面看来,所谓桃实中之一种的"水蜜桃"者,在以前,竟是上海所独有的全国名产之一呢。盖《淞南乐府》亦云:"淞南好,裙屐女墙边,十里黄云车麦陇,万家红雨蜜桃园,即此是仙源。"其注云:"西城极空旷,清明前后,郭外麦浪齐腰,城中水蜜桃花盛开,绵亘数十亩,绛海无边,赪人颜面。"西城即今西门一带,我们现在只见那边的鳞次栉比的室屋,哪里还寻得出什么繁英尽发、芳蕊浓艳的奇观,却只有兴起与古人相反的"桃花不知何处去?"的感想了。

关于上海的水蜜桃的过去陈迹,似只有褚文洲(华)的《水蜜桃谱》足以考证,至于水蜜桃于上海历史上演变的情形,上海通社的《水蜜桃谱跋》,言之最有统系,他说:"水蜜桃甘而多汁,为上海土产佳果,产于顾氏露香园者,尤名闻遐迩,相传其种出自大同,桃说载华亭章鸣鹤《谷水旧闻》,清初顾氏衰微,名园鞠为茂草,然佳种未绝,犹广栽于城西南偶之黄泥墙。乾嘉时,光禄寺典簿李筠嘉吾园所产,亦负盛名。道咸以降,植桃区域渐盛于城外小木桥及龙华一带,浦滨故有龙华水蜜桃之称,然种渐变味,亦渐逊于今,则产地更移至龙华西南之长桥附近，真种之水蜜桃已不可复得。"

读《沪城备考》知顾氏露香园，不但以水蜜桃为人称道，于"刺绣"亦负盛名，《备考》云："顾氏露香园绣，今邑中犹有纯者，多佛像人物鸟兽折枝花卉，虽色泽已褪，而笔意极类唐宋人，殆其所摹仿然也。近绣工惟以绣蟒服胸背及衣袖佩囊为事，画轴即偶一为之，花样亦从时好，其传诸四方，犹称顾绣。"故"顾绣"在清代已经是一种"冒牌"的货色，而顾氏露香园出产水蜜桃的全盛时代，也应该要远推到明季了。《水蜜桃谱》云："水蜜桃前明时出顾氏露香园中，以甘而多汁，故名水蜜，其种不知所自来，或云自燕，或云自汴，然橘淮而化枳，梅渡河而成杏，非土脉水活，岂能为迁地之良乎？则谓桃为邑产也，亦无不可。"

至于《水蜜桃谱》所述之奢侈的食桃法，亦颇有趣，他说："桃有雨后尘污者，始以水洗净，否则止以细布拭之，即可入口，豪侈者或以无馅馒头乘热揩去其毛，每食用两器并置席间，或误食馒头，传为笑柄，然亦失以贱雪贵之义矣。"

我素性嗜桃，而尤其我是一个上海的土著，上海虽然是一处拥有所谓世界第五大埠，全国经济中心的要区，可是撑持着这场面的，却都不是上海人，即是这一些口腹之惠，也不得不以奉化是仰，以过我嗜桃之癖了。

原载《上海漫画》1937 年第 12 期

上海的良乡栗子

逊清之季，阿芙蓉流毒，遍于全国，海上为通商大埠，烟窟之多，几于五步一楼，十步一阁。最下等者，有粉头应客，吸烟其名，销魂其实。是则"花烟间"之名所由来也。

麦家圈惠中旅馆原址，在光绪末叶，有一著名烟间曰"绮园"者，崇楼杰阁，陈设华瞻，为个中翘楚，上自达官贵人，

卖糖炒栗子

下至名伶（如李长胜、赵小廉、何金寿辈，不能尽忆）、龟奴，皆为榻上客。予尝侍先大人屡往闲游，掀帘而入，顿觉烟云弥漫，如堕五里雾中，当时云蒸霞蔚之景象，迄今犹萦绕脑中。其中食品小担，无一不备，且皆绝精，视今日东方书场，尤为美备。

维时海上犹未流行良乡栗子，而仅有普通之糖炒栗子，非良乡也。绮园门首，有一专售良栗者，其粒小，其质糯，其色殷，其味甜，与普通糖炒栗迥殊，故其值亦较昂，一般瘾君子，食而好之，过瘾之前，打气之后，辄以栗子为消闲之助。厥后销路愈广，即非瘾君子，亦来烟霞洞口，购而尝之。包裹之式，与今日老大房野荸荠之熏鱼纸包，大同小异，外有猩红之招纸，上书"某某号"（名已忘）"良乡"等字样，不知者以为一商号，实则摊头一个。倚壁悬灯，暮设而晨闭耳，顾其营业之广，殊堪惊人，售栗之某甲，赖此竟成巨富焉。此为上海流行良乡栗子之始，厥后仿效者众，凡鲜果之肆，无不于冬季兼售良栗，沿街当垆，趁热出售。

在不久之前，凡售栗者，必以留声机为吸引顾客之助，自播音事业勃兴，话盒子销声匿迹，而售栗之风，亦为一变。自草纸包改为花纸盒，俨然追随时代潮流，易上新装矣。

原载《电声》1938 年第 7 卷第 44 期

瓜

张亦庵

单独地提到一个"瓜"字，心中就发生不出一个明确的印象，因为瓜的种类太多了，其中有我所喜欢吃的，有我所不喜欢吃的；而其形状、大小、色泽也各有不同，乱七八糟的，真是无从发生出一个明确的印象。有之，则是一些圆形或带长形的圆的东西而已。

我曾把自己所知道的瓜，分为五类：第一类只宜于生吃的，第二类只宜于熟吃的，第三类生熟均可吃的，第四类生熟都不宜吃的，第五类虽可吃而不大有人吃的。

只宜于生吃的瓜，最著者当推西瓜。上海所产，以三林塘为有名，但是近年不大听见卖西瓜者之提及三林塘，我非此道中人，又未经实地去考察过，不敢妄说。平湖西瓜，也是出名的。瓜瓤颜色有红黄白三种，而红黄色者，又有深浅之不同，然而街头叫卖者往往以老虎黄为号召。大概老虎黄是最标准的颜色而可以保证其味之甜吧。我吃过白瓤红瓤西瓜都有很甜的，不过较少罢了。

选择西瓜，亦有多少门槛。据说，拿上手而分量重，敲之作空洞而清脆之音，其底部深陷如脐眼，大概是靠得住的，反之则不可靠。至于摇之而有流水之音，乃是倒瓤败瓜，不可买。瓤之颜色亦可凭其外表皮色而加以相当鉴别。皮色深黑的，瓤色红；皮色深青的，老虎黄；皮色花而浅黄便是白色。

与西瓜同类而形态稍异的，有浜瓜（或称枕头瓜）及马铃瓜。浜瓜大小略如西瓜，其形不作球形而作长圆；马铃瓜也是长圆的，不过体形甚小，很少有五六斤重的。这两种瓜的皮都比西瓜薄，甜的居多，瓜子也多，其香不及西瓜，而绝少"沙瓤"。

上海人过了立秋便不大吃瓜，除了天凉之外，似乎还有点什么医学上的理由，然而似乎没有什么科学上的根据。在广州，则八月中秋正是吃西瓜的节令呢。

西瓜之外，生吃的瓜，在上海最普遍的大概要算黄金瓜了。不过黄金瓜这样东西，从前是不登大雅之堂的，高等的水果店是不备这一路货色的，只有挑担子和摆小摊子的小贩有得卖，上流人士不会买来吃，买来吃的多是劳动阶层的人物，因为它的价钱便宜，以前只卖一两个铜板一只，今年却要储备票四五元才买得一个好好的黄金瓜。然而购吃黄金瓜者仍然是那些劳动阶层的人物，因为时至今日劳动阶层人物的收入比之昔日，并不怎么逊色呢。

黄金瓜，以前曾被称为"阎王票"，据说吃了它的人，很容易感染到霍乱症，因此曾有一个时期被禁止贩卖。其实瓜的本身并无病菌，大约因为卖瓜的小贩临时给买主削皮，削瓜的瓜刨不干净，而且往往把削好的瓜放在他担子上一缸不清洁的生水里浸洗，这样吃了，便难保真不病了。

与黄金瓜品类相似的，还有米筒瓜、脆瓜、老太婆瓜等，皮色或青或白，不作黄色，味不及黄金瓜之甜，而产量亦不若黄金瓜之多，所以街头所见，黄金瓜总比这些杂牌瓜来得普遍了。

熟吃的瓜有冬瓜、南瓜、丝瓜、节瓜、苦瓜等。这些是比较普遍而一时想得起的，绝对没有人把它们生吃。

冬瓜除了充作家常的菜品外，还有两种特殊的吃法和一种特殊的用途。一种是粤菜馆里夏令常有的冬瓜盅：以半个冬瓜作为盛汤之盅，空其中，纳入鲜莲实、鸡鸭火腿粒、冬菇鲜菇等，炖而熟之，瓜汁内注，味极清鲜。夏日食此，取其鲜而不腻。其次是粤人饼店所卖的冬瓜荷叶水。家庭内亦有以冬瓜荷叶熬清汤，绝无油盐，以为消渴解暑之品，店中所售，则加上甜味，是家庭食品而商品化了。

南瓜，除了剖开以后，里头的颜色橙黄得可爱之外，在吃味方面，可以说一无可取。也许有人会喜欢吃它，而我则觉得瓜类之中，以这种最引不起我们的好意。

丝瓜、节瓜在菜馔里用途颇多，大都作为辅佐之品。

苦瓜味苦而有奇香，江浙人吃不惯，而广东人视为佳品。苦瓜炒牛肉、炒田鸡、焖鲗鱼，更配以蒜豉，都是粤人所嗜的名菜。

黄瓜，又名胡瓜，可以入菜，可生吃，亦可熟吃，我个人的经验以为罗宋菜馆的腌黄瓜弄得最可口，其余的生吃熟吃，总不怎么高明。

还有几种专供摆饰玩赏而未曾见有人拿来吃的是珠瓜、瓦瓜之类，不知尚有其他名称没有。

又有虽可吃而不大有人吃的，那是香瓜，种类亦不一。

络苏，即茄子，粤人呼曰矮瓜。又木瓜非蔓生植物，本非瓜类，乃亦蒙瓜之名。所谓木瓜者，似有两种。虎骨木瓜酒所用的木瓜，与广东所产的木瓜不同，浸酒的木瓜，坚实而有香气，其株本如何，却未见过。广东之木瓜，树颇高大，一干直生，瓜丛生于近梢叶下，为状类近椰子。瓜熟则酥软而甜，但其气味令人不快。若未甚熟，则片切而糖制之，可供妇孺杂食。

上海有一种名"夜开花"的，原是瓜属，却又不以瓜名。

粤人用字多谐音上的忌讳，有时甚至连"瓜"字也在忌讳之列，因为广东市井语常常把"瓜"字当作"死"字用，所以有些姓黄的人，讳言黄瓜，改称青瓜。赌徒讳言"输"字，而丝瓜之"丝"，在顺德一带，与"输"字绝对同音，"输"字而下连一个"瓜"字，其不吉利，可谓甚矣，所以他们把丝瓜称作"胜瓜"。

原载《新都周刊》1943 年第 26 期

海上食事

梅子篇

吕白华

从故乡匆匆跑了一趟重回到上海以后，虽然只不过十几天工夫，吹到面上的海风已经转了南向，就是东风吹过了，又吹来是熏人的南风，而跟着清脆的叫卖声，别来无恙似响起在耳边。

"白糖梅子！"

多勾人的声音，忽东忽西，忽低忽昂地，会顿时触动我们尤其是羁旅人的一种异样感觉，是夏天了，这声音也是分开东南风分野的界石。诚然，它和樱桃是同一个时候的产物，而供给之夏日崭新的果盘，可是这两样东西不能相提并论，樱桃太薄命了，徒然具有红颜般的娇容，在果盘的寿命她最短，短得不过半个月，只留余"樱桃樊素口"的追怀。梅子则不然，正是愈久愈盛，愈久愈劲，我们不必等一篮篮的白糖投入视线，在听了那清脆的叫卖声，似乎空气中已浮过了甜酸渗和的成分，这是白糖梅子独有的象征，人类便给甜和酸总和的力量所支配着，卖梅子的声音愈喊愈高了。

这里，我们说梅子，应该先提起梅花的，梅花代表着我们中国的高格，也代表着我们民族的清标，"国花"的荣衔并不是容易戴上的，在白花中，唯有它开得最早，它开在百花的前期，当然非独具一种劲节不可，当冰霜还严封着大地，它却在山巅、水涯，突破寒氛，舒放出一枝两枝的清香了。

　　凌厉冰霜节愈坚。——陆游
　　玉色独钟天地正，铁心不受雪霜惊。——张道洽

　　我们读了这两位古诗人的句子可以认识它的高格、清标，从冰霜重重的圈围它舒放清香，同时舒放出春意，所谓"江南无所有，聊赠一枝春"。直到时序跨进了夏天，从此结成了子，于是梅花变了现在的梅子，有了春，才有夏，夏是万物长大之一季，那么，梅戴上了国花的荣衔，让我把梅子称为精英所结萃的国魂，不会不对吧！

　　"一枝尽是寒凝结"这一句刘清曳的诗，正说出了梅花变了梅子，冰霜锻炼成的一种精神，这过程之初是青青的，像豆般小，渐渐，内在的核到了坚实，也于是发挥出酸的作用，《吴氏本草》载："梅核能明目，益气，不饥。"

　　自然，这功效就在于酸，酸就是冰霜中锻炼出来的精神，我们咬梅子一口，一股子会酸到心，酸到脚跟，而在这五月懊闷的当儿，只有它可以清醒一下我们的头脑，谁都知道也谁都会说的曹操行军的故事——望梅止渴，就是一个例。

　　因为梅子酸，所以在调味上是与盐互用的，而在古代更作过期望国家平治的比喻，商高宗则传说云："若作和羹，

尔惟盐梅。"

高宗传说希望尽才力去复兴商朝，譬如拿盐梅去调和羹汤。我以为酸比咸好，梅酸比盐咸好，酸不更可以提起我们的精神了？

"一枝尽是寒凝结"的下句是"金鼎无盐味更浓"。

现在，白糖梅子的叫卖声喊遍了上海，每一颗青梅上面套上了白白的面套，毕定现在的人是聪明的，因为这个世界懂得酸而学取酸的精神的终太少了，把青梅渗上白糖，一股子酸味暂时算掩蔽去，入口是甜了。不知道浅浅的糖衣入口就溶化，结果还是酸的。活着这甜酸成分的空气下的人类，谁又不贪恋一时的甘芳？谁又体会梅子本身冰霜锻炼成的高格、清标。

这样，梅子在聪明的人的矫揉造作下黄了，剩了"彩笔空题断肠句"的贺方回，唱着："一川烟草，满城风絮，梅子黄时雨。"

三十七年五月一日写于上海

原载《黄河》1948 年第 4 期

殊味散记

荡里鱼

华

　　艳阳天气菜花遍野，其时先河豚而上市者，荡里鱼也。荡里鱼或称虾虎，产自内港，巨口细鳞，体形略圆，身长不足半尺，盖古来著名鱼类四鳃鲈之别种也。

　　考四鳃鲈之能驰誉简册，以其雄鱼有殊味之肺，所谓杨妃乳者，腴美胜常，无待细述。若虾虎之佳，则在肉爽而鲜，体虽不大，其无丝丝细骨，正与四鳃鲈相类，似此区区貌躬，足以脍炙人口，非无由也。

　　虾虎体圆，鳍尾不丰，色微黑，此类形态，适于潜居河底可知，口之两颚，密列细齿，性沉而猛，小鱼壮虾，并能囫囵吞咽，赋性所在，固无关乎体量大小之何似。

　　当春间天候回暖，母鱼之腹怀卵便便，于时雌雄逐偶而处，以备散子，其场所通择木石桥桩，以及村旁水桥之底，砖瓦之滩，终日鲽鲽群居，及晚有声呼呼然出自水际，日影之下，得窥水中憧憧争逐，隐约可辨，渔人择其所在，下以撩网，操椎搅逐，一处或可获至十数尾，

　　有时乡童于废筐中置瓦片数张，结以绳，沉桥下，择晨际，缓从索端提出水面，有得鱼数对者，盖彼方牝牡安居其国，俨若高堂大厦，视为育儿之住宅也，

若弯针为钩，装蚯蚓为饵，虾虎奔食有似饿虎擒羊，因此时多以散子为务，不甚远出觅食，而食量倍豪，唯或钩伤其颚，性顿狡狯异常，往往至数日不易上钩，是鱼类未尝无相当之记忆力者。

　　最可异者，一至散子木石之表，则两鱼更番守护，以防其他鱼类吞食其子，此时警备之严密，不让军中卫士，人或将食指故触其子，虾虎竟至贾其全身勇气，奔衔食指而不释，常有因以被擒入锅，一似无悔也者，于以知动物保护幼种之性，有不顾一切利害之概，于虾虎尤足当此特性之代表，名之曰虎，诚无愧色。

　　且在散子期外，随伏河底，虽不贪钩上食，然亦不畏惊扰，摸鱼者往往不藉器具，而于河滩触手捕获。俗称不喜活动之人为死暮呼朗，盖暮呼朗云者，荡里鱼之又一别称也。

原载《申报》1926 年 3 月 28 日第 26 版

谭吴淞之鱼

倚石

　　吴淞地滨江海，产鱼极富，其味与产于内河者迥异，而为值殊廉，故老饕之游吴淞者，归辄携盈筐满篓之鱼，以供大嚼。兹特摭谭其一二，以告读者。踏青节近，游于其地者，盍一试之乎。

　　白鲦鱼，形体甚大，长者达三尺，厥形极可怖，作银灰色，而无鳞，味极肥美。肉内若包含极多量之油脂者，而食之则又不觉腻，红烧者，味最佳妙，若敷以老酒糟，一二日取出，洗去酒糟，煮成清汤，则鲜嫩适口，别有风味，有时购得活者，则其味更佳。

　　札甲，亦为一种鱼类，味较白鲦更为肥美。其肉之构造，与普通鱼肉不同，骤食之，酷似猪肉，因其肉似肥肉与精肉相间而生者，然细味之，则觉确具有特有之滋味，普通皆红烧。

　　面鱼，沪名面长鱼，色自如银，体呈半透明状。治理时，仅须齐其颈项摇而抽之，则肠随头去，色益清白。该处土人，有捣之成酱，制成面鱼饼而煎煮者，有制成鱼面圆而煮汤者，味极可口，亦有切断而和蛋煎煮者，亦极佳。此鱼沪地菜市亦有贩卖者，但率皆洒以石灰水，致鱼体硬化，而呈呆滞之色，断不能若购自吴淞者之鲜美也。

鲚鱼，沪名拷子鱼，亦可捣之成酱，而为鲚鱼饼或鲚鱼圆，或去其首部，而以油煎之，更蘸以糖醋，可为佐酒妙品。此鱼虽沪地亦可购得之，然论其鲜美，则吴淞之新鲜者，终胜一筹也。

河豚，亦为吴淞名产之一，且以食之者寡，故售价亦特廉，然此鱼虽其味特美，然终觉危险，纵有老饕似亦不宜以口腹之欲，以生命为孤注也。

海白虾，产量极富，故为值亦贱，土人皆用以煮蛋，甚鲜美，亦有购多量之虾，晒干而储藏之，迨秋冬之间，和入肴馔中亦颇可口。

原载《申报》1928 年 3 月 8 日第 17 版

熏鱼与酥糖

乐 山

只要是在上海住过一两天的人，当然都看见过那每条马路上都有的灯火辉煌的糖果店吧？不是"稻香村"，就是"老大房"，也有用别的名字作招牌的，然以袭用上面两种名字的居多数。

而在这种店子的两旁，照例是有两块斗大字的市招。牌子上面刻的是"熏鱼""酥糖"。我十年前初到上海的时候，对于这千篇一律的这两块牌子发生怀疑。糖食店里所卖的货

福州路上的店招

色，不是有百种以上么？为什么单单要刻上"熏鱼""酥糖"呢？一二家刻上这种牌子并不为稀奇，为什么大家千篇一律地挂上一样的牌子呢？

这里面一定有缘故。缘故在熏鱼与酥糖在上海人的生活中，占着重要性。

不解这疑惑者数年之久，光阴过得快，不觉在上海住上七年了，这疑惑也随着我的社会经验的增长而解决了，因为是：熏鱼是最合宜于下粥的小菜，一般"以昼作夜"地度着真正上海生活的姨太太、妓女、赌徒、烟鬼之流，深夜常用熏鱼以佐粥，熏鱼生意焉得不好？酥糖，是烟鬼的嗜好品，当那烟瘾过足之后，一杯浓茶，两包酥糖，大有"飘飘欲仙之概"，酥糖生意又焉得而不好？研究上海生活的社会学家，切不可以熏鱼与酥糖之微小而忽之，它是上海生活的一面镜子呀！

原载《申报》1932年1月19日第17版

龟肉的神秘

秋槎

"乌龟乌龟，稻草煨煨，一家一块，味儿真美，吃了不够，要讨添头。"这首乌龟的歌谣，在三十年前的我，早就滚瓜烂熟地随口乱唱着，可是龟的滋味，究竟是怎样的？那我在没有尝过之前，就不敢瞎三话四，是否因为它是四灵之一而不吃它了，还是因为蛰居阴沟，嫌它龌龊地不吃呢？那么自己也有点莫名其土地堂咧。

刘邕的嗜疮痂，贺兰进明的嗜狗屎，像这种万不能吃的东西，尚且有人去请教它，何况这龟鳖相似，而较鳖更美的乌龟，那些人又怎肯不去吃它呢？不过，社会上吃了乌龟的人，比较起来，究占少数罢了。爱多亚路，这是英法两租界的夹道，虽亚于南京、福州等路，也可算是商业的中心地带了。其中有一家，类似银行的信托公司，那牌号好像是通汇罢，有一位高级办事员，喜吃乌龟的一人，每逢星期六，或星期日，必逛豫园，人但知其清游，殊不知却在搜求乌龟哩。他对于乌龟的鉴别法很有临处的经验，什么乌圆啦，半鳖啦，拖尾啦，长颈啦，黄巴啦，臭头啦，分出许多种类来。据说，乌圆最美，半鳖次之，拖尾又次之，长颈身瘦，黄巴为下，而臭头则腥臭四溢不可食。每次选购六头，很高兴地，跳进了杭州饭庄，立命庖帅以火腿、鲜肉为副品，并烹之，越酒一樽，白酒二盏，每次总吃得尽汗淋漓。若非桌子上的器皿，已变了盆成适□[1]还不肯歇手呢。日子一久，他就成了杭州饭庄里一个老主顾了，庄中上上下下的人，咸呼之为乌龟先生，他很开心地笑面相应，不以为忤。

有一天，小子正在杭州饭庄晚餐，说乌龟先生来了，一时好奇心动，便去参观吃龟，见他愈吃愈有滋味的样儿，不禁好笑起来，他很和蔼地还向我点头打招呼，我就趁此机会请教他尊姓大名，原来他复姓诸葛名曰刍庭，还是那琅琊诸葛武侯的苗裔呢。

我问，先生嗜龟的历史，可闻乎？据他说，曩年游幕浙西时，石门县（即今之崇德，彼时固呼石门也）乡下小镇，名洲钱镇，有一爿小饭店，专卖烧熟的龟，每碗只小洋三角，偶食之，觉味香肉软，虽鳖裙亦所不及，不知如何，好像吸鸦片似的上了瘾了。不过洲钱镇的烧龟法门，是用稻草煨的，上海却难了，像这种烧法（指桌上）伊吃还是勉强着下咽呢。我又说，先生丰神潇洒，想必是乌龟的特效罢？他就一笑而与辞。

原载《时报》1934年2月9日号外

1.编者注：原文此处缺失。

腊肉

黄影呆

所谓腊肉，便是人家所杜制的，在立春之前，用食盐、花椒、白糖腌好之后，放在缸里，用石压压熟之后再晒在太阳里，到了春夏之间，烧熟了吃，味道是很好的。在猪肉食物中，人们以为火腿的味道最好，但事实上我们以为腊肉的味道，更胜过于火腿，因为火腿的肉，比腊肉老得多。

因此，在我们乡下，可代表江浙之间一带的人们，到残冬的时期，除了生活最困苦的人家之外，凡是在水平线以上的人家，都要腌些腊腿、腊肉。乡下的农民，住居在乡村之中，偶然有亲友来，上镇买菜来不及，墙壁上挂着的腊肉腊腿，现存东西有着，很便富呢。所以在农村中，也每家腌些腊肉，而有亲友来，腊肉便是一道重要的客菜了。

腊肉的烧法、吃法，和火腿完全相同，可以清炖，更可以白烧，和鲜肉、百叶在一起，更可和肚子、鸡、鸭一起烧，肉的鲜嫩，有过火腿，而汤的味美，也不逊火腿，尤其是春笋上市的时候，腊肉汤里的笋，笋的味道更比什么笋都好吃，所以笋上市的时候，也是我们大吃其腊肉的时候。

腊肉起缸以后，时常要在太阳里曝晒，历时可经过一年以上而不坏，但最得吃的时候，在二三月至四五月，过于久了，也要失去美味。腌的时候，过于咸了，不好吃；但过淡了，要有臭味。所以腌肉也老手才好，过于咸或过于淡了都不好，更要防苍蝇的㳠子而出虫，出了虫便不好吃了。

腊肉的味道既好，价钱又便宜，譬如一只火腿好的至少要四五块钱，但我们买一只猪腿，在冬天腌了，两块钱已足够了，所谓价廉物美，吃火腿不如吃腊腿，所以在江浙一带，吃腊腿的人家多于吃火腿的人家，都像江浙一带，那么金华火腿也许要没有销路呢。

原载《时报》1934 年 5 月 18 日号外

天鹅肉之真味

戒三

从癞蛤蟆想吃天鹅肉的成语推究，我们就能想象到天鹅肉之味美，决非一般肉类所能望其项背者。只怪中国狩猎技术不甚高明，凡是飞行过高过速的动物，擒获无大把握，以致天鹅肉的名辞，久已脍炙人口，而尝到肉味的人确不很多。天鹅肉！一般人的想象，总以为是鲜嫩肥美如好女子呢。

去年春，我因为休养身体，住在乡间的朋友家里，每天陶醉在大自然的怀抱中，真把我一切烦虑都洗尽了，尤其是家园蔬菜，池中鱼虾，连口味也改换了新的知觉。某天我正在屋外散步，在距离我数十米远的地方，一个中年农人负着竹竿，竿上挑着许多飞禽，慢慢地走到我的面前来，反正我在闲眺，便迎上去一看究竟了。到了他的面前，经过我仔细辨认，但始终叫不出他挑的是什东西，询问之下，才知道就是天鹅。当时我快活到了万分，庆幸从未尝试过的异味，今日可以大快朵颐了，同时它的身子很大，肉层肥满，真是难得的机会。

我当下买了最大的一只，约摸有十多斤重呢，兴致勃勃跑回家里，哪里料到他们向我微笑，并不表示什么。我觉得很是奇怪，再三追问，我的朋友才平淡地说："恭喜癞虾蟆，

今天吃天鹅肉，然而吃到了也就不觉得什么了，好！我叫他
们烧吧。"不过半小时的光景，一盘热烘烘的咸菜笋丝炒天
鹅肉丝，端整在桌的中央，朋友还备些杜制烧酒，和我小酌。
真的一筷下咽，就感觉到肉质粗老。朋友问我味道如何？我
也只好回说："还可以。"最后他笑嘻嘻告诉我："这是它
的腿部，其他部分，更要使你失望。"从此以后，我才觉悟
古来成语的不尽可靠。

原载《食品界》1934 年第 8 期

说龟

戒三

　　龟，其实是好东西，味之香嫩，足与牛肉相比拟，惜乎名辞不详，许多人不愿尝试。它真有用处，龟板可以制药，且功效显著，在一切鳞介动物中，总算不得是废物。

　　不但此也，莫小看它行路蹒跚，呆头笨脑，它倒颇有大人先生的处世艺术，红人阔老的高级风度，读者不信，且听我说。大凡利用诡异手腕起家的——包括各种各级的红人，其见大人也，必十分之十行路蹒跚如龟步，对答之讷讷如龟鸣。其对属员也，亦必十分之十装痴扮呆，若不胜烦扰者，上台之际，如天下承平，则拖其尾，昂其首，架子十足。一旦有事，或被迫滚蛋，则不头缩壳内，避难租界，亦必夹尾缩颈，放开脚步向外国一跑。我还觉得当代的社会名流，也颇有些龟相，看他们外表真是中正平和，一如龟之毫无火气，不料内心，却刁尖促狭，处处为自己打算，则明是意气用事，偏偏说是为正理着想。有时，他们的混厚纯正，连龟也要甘拜下风呢。

　　闲话少说，我来告诉你们一件故事吧。我幼时，邻居一位太太，多年守节的老寡妇，她的命运真不通，家境既不好，膝下又无子女，不得不依靠手，做些活计，过度她寂寞的岁月。

她很想改善不幸的环境，可是手头无钱，一切很难实现。后来她想别的倒不成问题，只是膝下空虚，无聊到极点。同时，妇道人家，迷信人多，回想目前的环境，莫非前生种了孽根，今世已不能挽回，来生倒不得不预播善种，于是她买了十只乌龟，回来养在水洼中间，一可放生修福，二来也可以解解烦闷。看官大家明白的，女人都有母性的遗传，你看马路旁散步的外国老处女，很多抱了洋狗同行，而且行状非常亲热，不是别的，她实在为了无处发挥她的母性。那位太太养龟约有七八年之久，无聊时候，就大声作龟鸣，这一群龟竟通灵性，都昂首浮出水面，表示欢迎的样子。吃饭之时，它们必成群结队，应着老太太的呼声，步至厨房，等候施食。这是我亲目所见的事实，因为这是奇事，予我印象颇深，所以现在还能记紧着。

乌龟有香臭的分别，且金钱绿毛两种，尤为"可供玩赏"的珍品，常熟出产很多，竟有专营捉龟为生的农民，终日在山峡水流处搜寻，售与专收金鱼龟类的商人，所得甚微，每只价格，比市价要低六七倍。烹调龟肉，也是常熟人的特产，最有研究者，当推天主教徒，普通居民，怕受天谴，颇有一部分人不敢尝试。且龟肉的既鲜且香，我认为超胜兔肉几倍（忌与人参同烧），但龟肉不仅是足快朵颐的妙菜，它还有滋补的功效，凡患痔疮者，大都欢迎此物，常吃确有特效。龟板尤为药中神品，补心益肾，滋阴增智，能治阴血不足，腰酸脚痛，龟溺也可医哑聋诸症，于是，可见它的用途广大了。

红烧龟肉我最嗜好，近由至友戴君处学得方法，亟为介绍与读者。戴君之岳母，系常熟世家之后，当地因人物文秀，民生富裕，于饮食一道，非常讲求，著名的肉松、鸡松就是常熟特产。据云，上海在徐家汇等小菜场（大概在天主教徒众多的区域内）都有龟肉出售，也有连壳活的，前者且慢论，假如是后者，那么，以刀斩去其甲，坚者可用锤击刀背。剖腹取出杂件（胆不可弄破），去其头尾四爪，投于热水中，一透即撩出剥皮，再入沸油锅内炒制，并加酱油、糖，重量之葱姜（因龟性寒），文火烧之。有红烩龟肉，和猪蹄同煨，滋味更加肥香，烧法与上略同，稍有区别之处，不过是猪蹄另器先煨，龟肉在沸油中略炒之后，再投入煨猪蹄的沙罐中。至于煨肉的方法，主妇类能道之，此地尽可不说。

原载《食品界》1934年第9期

灯下散记

吃蟹的回忆

今年在上海，只吃过一次蟹，是在汪北平、洪虬髯兄处吃的。吃了两只以后，虬髯兄自己烹调的好小菜，一概不能多吃。连我还有许多朋友在，可惜！

因为自己近年有了一点胃病的缘故，常常怕吃蟹，吃多了会肚子作痛，所以今年是不大多吃。

吃蟹的回忆，最有趣！是在温州乐清海边的那一年。那边的冬天，只抵得海上的秋，保持那样适宜的温度。过了一

吃大闸蟹

冬，没见过雪花的飘下，据说那边的人，也很怀疑，这样东西，是什么样儿的？

为了气候的关系，那边的蟹，秋天的黄还不很足，所以并不上市。直到旧历正月十一二，那边才上市大卖其蟹。他们是名为上灯蟹。这名目在海上是不大听见的。

承海边的一个盐户王老儿的盛情，他送给我们一篓子的上灯蟹。我们第一次在海边过着新年，除了海天一色的单调而又伟大的风景以外，盐田、村户，所谓下流人——也就是盐民、渔民，他们的一群，是没有什么新的点缀的，为了贫穷的缘故。我们过着这个新年，是何等乏味！幸得王老儿这一篓蟹，在上灯之夜，自己买些纸灯挂在一间村屋里，请些乡下人团团坐着一桌，喝着老酒，剥着蟹吃，老酒是喝醉了，蟹是吃饱了。乡下人都说，这是此地第一个快活的新年，我们也觉得快活些。

吃鲫鱼

在扬州吃面，面是不多，面汤有一大碗。这汤的颜色同牛奶一般的白，在先，以为是用奶油来做汤的，后来细辨滋味，一些儿都没有奶油气息。一问厨子，才知道这是鲫鱼汤煎成的汤。

为了好奇的驱使，鲫鱼煎汤，为什么会成牛奶色？将厨子问了一个明白，然也只知其然，而不知其所以然。厨子告我鲫鱼煎成白汤之法：是先用开水煎沸，放了一些浇料，不用酱油，也不用猪油，就将鱼在沸汤里煎一滚，这一锅儿鱼汤全成为牛奶色了。大概汤的分量，可等于一个鱼之两倍。这样吃起来，汤和鱼都很够味。

那年在德清，是产鱼之乡，一个农业试验场长，特地挑选了一个最大的鲫鱼，大约有鲤鱼大小，带活送给了我。我和妻都自己动手，照上法来煎成白汤。这样大的鱼，连妻同女儿三人，一顿饭都吃了，似乎还不够。汤是太鲜了，鱼是太嫩了。

上海是买不到活而又大的鲫鱼的，两三年没有尝过上面所述的这样好口味。为求其次起见，妻为我想一处置小鲫鱼的办法：用两个小鲳鱼中夹一块马江鱼 —— 上海所谓红鲞，清蒸来吃。咸度同口味都很适宜，很可下饭！可惜要如白汤鲫鱼的鲜而嫩，这真差远了！

原载《时代日报》1935 年 11 月 10 日

特别嗜好之食品

汪仲贤

人生口味不同，各如其面，古人有嗜茄嗜瓜成癖者，这好像是皋陶之面如削瓜，帝舜、项羽之眼生重瞳，乃是一种畸形的现象。普通人的口味与阿猫阿狗的面孔一样，都是大同小异的。

山东人的面孔与广东人的显然有别，鲁菜与粤菜的口味也显然不同。广东小贩沿街叫卖的点心，是连汤带水的鱼皮馄饨，山东人卖的是风干石硬的烧饼、馒头。

上海深夜叫卖的有油水充足的虾仁馄饨。我在烟台见半夜在路上吆喝的食物小贩，买来尝试一下，乃是麦制薄饼和白煮鸡蛋，用快刀将整个鸡蛋削成薄片，再夹一支大葱，卷在饼内，沿路咀嚼。鸡蛋夹饼尚能效劳，大葱就吃不消了。

烟台尚有一种设摊发售的平民食品，也是我们意想不到的。原来是新鲜的海蜇，和以葱花，像上海夏季出售的凉粉那样吃法，我恐除了本地人以外，谁也不敢坐下去尝试。

上海的大出丧排场中，有一种凸肚子的铜锣，名目兴旺。我住在扬州旅馆里，被数十种高低不一的"兴旺"声扰得不能安睡，原来这是卖元宵的声音。夜里能购到的点心也只有这一种。

出门旅行的饭食，要算苏州、无锡、常熟、杭州等处最好。今年我们到黄山去，山路尽是沙地，不堪种植，蔬菜皆需从数十里外运来，养鸡亦不易生长。我们在旅馆中吃饭，价钱很贵，菜只有碟子中间一点点，像小孩斋泥模一般。

就是到寺院中去吃素斋，也是些隔宿的豆腐皮面筋，很少看见青菜萝卜之类，平生所见贫瘠之地，以此为最甚。黄山饭食并不十分粗粝，吃了两三天，已觉得嘴里有些淡出鸟来。因知我们到了不毛之地的沙漠区域，一定不能生活。

我在宁波乡下的朋友家里住了三天，主人将我们款如上宾，珍馐罗列满桌，但是我竟无法下箸，原来十碗菜中有九碗是腥味，坐在桌上已熏得作呕。

宁波的鹅肉是款待上宾用的，好像是我们酒席上的鱼翅。我们在宁波，主人也杀鹅相飨。鹅肉是冷的，切得像火腿一样薄片，装在高脚小碟中，堆得极高。主人恭恭敬敬地夹一片送过来，我尝了一口，原来是清水淡煮的，其味比黄鱼更腥，几乎呕出隔夜饭来。陈仲子"哇"的"鶃鶃之肉"，看来吃的也是宁波人煮的白鹅。

鹅肉因为是珍品，只有薄薄的一层，下面还有垫底的东西。垫的是什么底？真出乎我们意料之外，若非目睹，绝猜想不出，原来垫的是连壳的头号大长生果。

腥味尚可忍耐，而在几处地方，人们有爱闻臭味的习惯。我们闻不惯这种恶味的异乡人，非但不敢同席，就是坐在屋子里也会被它熏出室外。宁绍的咸菜果，已觉得难以效劳，福建人的笋茬，吃过一次，可以使饭堂里臭三日三夜，它的臭味有些像妇人的月经，浓度还增加百倍。

上海人把草头（金花菜）当美味，时鲜货论两计值，比鱼肉更贵。宁波人却以此作肥料，名目草子。我们在宁波，自摘草子炒食，对主人说："但得新鲜蔬菜一两味，何必破费钱钞，多备鱼鹅？"主人谦逊道："远客惠临，如以草子奉客，未免太不恭敬！"

苏州的上等人家，皆不食塌窝菜，上海人却以此为冬季隽品。去冬至芽州，偶尔尝试，烹调法与上海无异，而味远不如上海所植，因知此为土壤关系，非苏州人不吃好货也。

原载《机联会刊》1936年第146期

蟹话

云痕

秋风一起，在街头巷尾，很容易看到那挑着竹篓的，或是挑着铅丝笼的，喊着悠长的声调："扎蟹嗳，卖大扎蟹来！"每一条热闹的马路上，差不多总有好几个临时性质的蟹摊。地上摆着三四个绿缸，里头全是在蠕蠕地爬着的蟹，缸上都是贴着一条红纸，上面写着"一元两只""一元三只"等价

秋风起，蟹脚痒

格。一到晚间，蟹摊上还装着极亮的电灯。这种应时的景象，现在又呈显在我们眼前了。

　　谈起了蟹，一般人总会想起昆山洋澄湖的清水蟹来的。往年在二马路一带的蟹行里，差不多专销此种大小仿佛的湖蟹。但是今年则因为交通的阻隔，十足地道的洋澄湖蟹，恐怕不会多见。即是浦东蟹和上海近郊运来的清水蟹，其价格也是贵得惊人。

　　上海的蟹市，以前总是集中在小东门、大马路、火车站三处。战后则仅仅剩了一马路[1]一处，而且因为来路缺少，大蟹更不多见。现在应市的蟹，恐怕还是由近郊乡间搜罗得来的，所以价格应比以前高出了不少，而获利还是不见得怎样大吧！

　　往年住乡间，每当秋凉以后，乡人多在河滨结一草舍，晚间置灯一盏，蟹性喜灯火，见灯光必从四周爬近，乡人伸手一一捉置篓中，一夜可得百余。至今思之，极叹服乡人捕蟹哲学之高妙。用灯火，表示诱敌深入，然后一一收捕之，使其离开水国以后，终至无一生还。不知今年乡间是否仍以此法捕蟹，此真可以发人深省，是针对现实环境的一种绝好教训。

原载《申报》1938 年 11 月 3 日第 16 版

---

1. 编者注：一马路即今南京路。

持螯赏菊

蟹是不幸的介族，它虚有其表，号称"铁甲将军"，却是"无肠公子"，披着一身盔甲，满拟横行江海。人类毕竟聪明，投其所好，构搭蟹舍，挑灯诱捕，于是成群结队，自投陷阱。这几天篱畔菊黄，蟹亦上市，不免瞎扯一阵，聊应时景。

蟹的产地，大别可分海洋、长江、内河。海水味咸，所产的蟹，怪模怪样，有的大如石鼓，或则一对巨螯，形似魔掌，肉老味劣，非胃纳奇佳者不屑问鼎。长江水活波清，产蟹极多，味亦鲜美。不过上海人所贵，却在内河。这里所说内河，其实指太湖流域一带，即所谓"大闸蟹"者是。而洋澄湖所产，尤足珍奇，名气之大，可与河南风陵渡黄河鲤、松江秀雅桥下四鳃鲈、富春江钓台附近红鳞鲥比拟。据说天地灵气所钟，独具异征，青甲、白肚、金爪、黄毛，脂满肉肥，鲜美无匹。更有故神其说的，背纹有深显"王"字，爬行玻璃上，八足撑起，脐部悬空，的确不同凡品云。于是，蟹贩咸以"洋澄湖"为号召，而上海人吃蟹，也有非"洋澄湖"不可之势！然据调查，洋澄湖产蟹不丰，即在大年，也不过八百担至一千担，以之分销京沪线各地，上海能得几何？又怎够老饕大嚼？这且不去管它，反正吃个名气，也是快意的事。

秋冬之交，南市大码头、十六铺、虹口头坝、老闸桥沿浜，情绪分外紧张。盖因长江下水轮船，苏、锡、昆、太、杭、嘉、松、湖航船傍岸，必有各地产蟹运来。蟹贩鹄候已久，一见货到，蜂拥上前，选购所需要的货色。待银货两讫，然后选择大小，配搭雌雄，分置铁丝笼里，陈列街头，供大众购取。

除小菜场外，热闹马路口，以及菜馆酒肆门前，胥为蟹摊集中地。其中日升楼一区，规模尤大，自先施公司迤北至北京路，两边人行道门面，全给占据，蔚成蟹国。同行繁多，竞队势所必然，有的以霓虹管为广告，有的以大喉咙作招徕，除概称真正地道洋澄湖清水大蟹外，还有把"蟹大王"为标准的。所谓蟹大王，每只重约七八两，定价二十元正。广式酒家，布置讲究，向不让人，这一时更郑重将事，选取一二只大蟹，热带鱼暂请出屋，养在玻璃缸里，吸引食客。

烧蟹之法，近年大有进步，已往用水烧煮，蟹在镬中受热不住，必翻腾乱窜，致膏脂定散，肉老味淡。十年前，四马路高长兴发明扎煮法，下水之前，验明正身，缚以五花大绳，使蟹动弹不得，如对付斩犯一般。此法一传，大为风行，但仍未可谓尽美尽善，因为用水烧煮，鲜味终必外溢，渗入汤中，于是更事改良，形成今日最讲究的隔水蒸法及炭烤法。而炭烤法允称二十世纪东方食谱唯一重大发明，烧热的蟹，味鲜肉嫩，膏脂胀满，色香味三者俱佳。

吃的艺术，由野蛮进步而为文明，乃自然之过程，但在极端文明之中，略带野蛮方式，原始风味，往往别有情趣。叫化鸡突然为士大夫激赏，北方烤羊肉必一手持白干，一条腿搁在凳上，且烤且吃，方才够味。大观园十二金钗山珍海味尝得腻了，偷偷地弄来一块鹿肉，胡乱烧热，大家你争我夺。猪肉也有黑市，吃蟹的方式，无疑是较为野蛮的，而情趣也正在野蛮之中。

俗谚有"叫化子吃死蟹只只好"，可见吃蟹有品，大概最够风雅的，则是一面持螯，一面赏菊。战前，江湾小观园、浦东市立农场、漕河泾冠生园农场，都以艺菊者名，佳种极富，年年今日，必开菊花展览会，供人赏览。要是跟园主熟识，或托熟人介绍的话，还可以载酒捞蟹前往，赏花之余，借地宴饮。冠生园农场更代客设想，附设饮食部，特派专员采办阳澄湖蟹，在场烹售。此种豪情胜概，已成陈迹，渺不可得。记者以为持螯赏菊，情趣固然不错，但亦不必勉强并为一事。上海独多附庸风雅之徒，好像赏菊非持螯不欢，持螯非赏菊不雅。妓院里一年一度菊花大会，号为盛举，硬生生把菊花枝干屈曲，扎成一斛珠，满天星，已够俗浊，再堆栈成山，花酒双台，俗骨一群。酒醉饭饱之后，草草吃几个蟹腔，如是而谓雅致，委实不敢恭维！

菊是隐士，赏菊必须有悠闲恬静的心境。陶渊明诗："采菊东篱下，悠然见南山。""悠"字真是神来之笔，非他不能道破。上周承黄园主人惠赠名菊四本，其一名金络索，花瓢一面黄，一面红。其二梨香，菊有色无香，此是接种，法将菊苗插入梨枝，花发遂有雅梨香甜之味。其三名墨云，紫色或大红，在菊最为珍异，此则深紫近乎黑色，尤其名贵。其四名十丈珠帘，花瓢细瘦如发丝，纷然下垂，有弱不禁风之致。李清照词云："帘卷西风，人比黄花瘦。"她大约没有见过此种异品，否则，当不敢轻率下此比喻。

记者居处狭隘，漫说东篱，天井一方都无。这四盆菊花做了案头清供，相对日久，觉得菊花颇宜于灯下观赏，灯光不必强烈，但能照得壁上映出菊影即可，口衔卷烟，默坐其间，静观壁上菊影楚楚，饶有八大石涛画意。回头对花欣赏一回，偶尔一口浓烟，喷向花朵，有烟笼芍药之妙。

吃蟹，徐进之摄，刊载于《时代》1932年第3卷第6期

"口之于味，有同嗜焉"！蟹味美，人人爱吃，但爱吃的程度，颇有分别。大抵爱好逾恒或食量过人，可谓之癖。譬如，谭延闿酷嗜鱼翅，非此不能下饭；马相伯喜吃臭乳腐，一日无此，则胃中作恶。嗜蟹最闻名的，近代当推李梅庵（清道人），有李百蟹之号，他民初在上海卖字，收入大部抵付蟹账。三马路小有天闽菜馆，他有股份，三年结算，红利股本一齐化为炒蟹粉，蟹黄鱼翅。据说每次非吃一百只不能杀馋。至于古人，也不乏其例，毕吏部云："右手持酒杯，左手持蟹螯，拍浮酒船中，便可了此生！"黄钧宰金壶戏墨："蟹味之美，人所同嗜，独金华陆少葵嗜之尤甚，且食且赞，同人或讥之，少葵曰，吾之嗜蟹犹未也，不及吾师，吾师食已，不盥手，则纳诸袖中，曰，留此余香，以供被窝中嗅玩也。"清朱其恭亦嗜蟹成癖，一日，方唉蟹独酌，闻人以八座来为报，朱叱云，去！我不以八座易八脚也。大唉如故。

距今十五年前，新世界游艺场突然觅到一件稀世奇珍，名美人蟹，得自宁波海滨，广告天花乱坠，不仅眉目如画，并且擅做媚眼云云。这一记噱头较之不久前某戏院的两头乌龟高明得多，万人争观，啧啧称奇，券资收入十余万。记者那时尚在求学，为此逃课赶去一开眼界。此蟹养在水盆中，大如银圆，背纹略具人面五官之影，是否美人，颇难判断。不过会做媚眼，倒是真的：原来所谓蟹美人秋波，恰是蟹壳透明部分，蟹在水里爬行，腹中腑脏也在蠕动，依稀看去，谓之做媚眼固无不可，谓之迎风流泪亦无不可！后来不知是有人中伤呢，抑系秘密泄漏，说是假的，用一种化学药水画成，入水不褪，如是而已。

同时，记者又在豫园展览会，见到一个张飞蟹，倒是货真价实，系福建沿海所产，离水即死，所以已经制成标本，色黑，大如闹钟，背纹眦裂发戟，宛然袁世海《芦花荡》脸谱。

走笔至此，记起屈原楚辞有"餐秋菊之落英"之句。作家体验不够，往往闹成笑话，盖自古而然！按菊花除经霜而发的特征外，虽萎不谢，别的花绚烂之后，落英缤纷，唯独菊花不然。屈原吃菊花锅，我们无法干涉，但这个"落"字实在欠通，宋闺秀朱淑真诗云："宁可抱向枝上死，不随黄叶舞秋风。"可见古时的菊花亦未必有落英现象也！

此文写竟，搁在案头多时，今日某兄来访，顺手翻阅一遍，脸部表情严肃，提笔批了四句："持螯赏菊，正当及时；兵荒马乱，无此雅兴。"记者讨此没趣，不禁大为懊丧，颇欲塞入字纸笼了事，继念此时此地，闲情逸致的人正还多着，而且文章是自己的好，弃之未免可惜，爰付发表，读者幸勿讥为无聊，有厚望焉！

原载《申报》1942 年 11 月 4 日第 5 版

烧 腊

张亦庵

烧腊这两个字在广州语言中已成一个专门的名词，虽然名实上不见得很相符。俗话说烧腊者，是指"广东店"所卖的那些新鲜烤制的肉类而言，如叉烧（这是连上海人也都熟知的一种食品）、烧肉、烧鸭、白鸡等东西。出卖这些东西的那一部分称为"烧腊台"，普通是附设于杂货店店面的一角。这种广东式的杂货店，就是上海称为广东店的。现在，不只杂货店附设烧腊台，有好些酒菜馆也附设烧腊台了。

烧腊台所卖的，实际上只有烧烤的和卤煮的鲜货，而并无腊味。腊味，是另一些东西，而非烧腊台所有；也许有些烧腊台会附带出卖熟腊肠，那只是破格，而非正格。事实既无腊味，而名称则叫做烧腊，这也是一件莫可究诘的事。关于"腊"之所以为腊，留待另一篇再谈。

上面所举的叉烧、烧鸭、白鸡，大概是烧腊台上的主要物品。虽然在许多烧腊台上尚有他品，但是上述的几种则至少必具有其一。其他诸品，可多可少，可有可无。那是烧鹅、蒸鹅、扎蹄、烧肠、烧排骨、烧肝、烧鸭脚包、卤水猪肚、猪肝、猪脚爪、猪心、猪头肉、猪耳朵，以致红烧牛肉等。烧鹅、蒸鹅是有时间性的，要及时当令才有。扎蹄者，刨开猪蹄之皮，去骨，实以肥瘦参半之层层肉片，裹而扎之以草，如原蹄状，然后烹制。食时切成薄片，精壮配合得宜，皮肉咸具而独无骨，极为可口。烧肠则以肥瘦配合适量之肉实肠衣中，调味而烤之，有桂花味，故又称桂花肠。烧鸭脚包酒徒多嗜之，且必须牙齿坚强方能应付。各色卤品可以单独购买，亦可集合购买，总称曰卤味。若至烧腊台而谓之曰"购卤味若干"，则操刀者把台上所有各种卤味各切少些，混成一起卖给你。

烧腊之优劣质与文都要讲究。质是原料的本身，文是烤制的技法。以质而论，江南所畜的鸡豕不及岭南，但是上海的烧腊台不见得会由广东专运牲畜到上海来供制烧腊，为方便起见，只好就地取材。至于鸭则江淮所产，实胜过广东。广东所产的鸭，似乎脂肪缺乏，不及江淮的肥美。叉烧以带有肥肉，烤得有点微焦者为最佳，不论何种烧烤，以技法而论，首重调味，次以火候。调味之酱料中有所谓朱油者，略似酱油，味带甜，极稠浓，烤成后，鲜明润泽，有异香。烧腊之下品者，不常用。下等烧腊往往涂以苏木水，色虽红而望之如染，没有润泽之气。炉火以洪烈为宜，最好是烤得里头刚熟而表面有点焦意。如果火力不足，慢慢闷热的，香味便挥发不出来。刚出炉的与经过十数小时的，其味有天壤之别，越新鲜越好也。

战事以前，叉烧十个铜板起码，烧肉则一毛，烧鸭两毛；现在非五六元不办。从前的一毛两毛烧腊，还给你一些酸黄瓜、酸藠头之类垫底，上面还有一撮芫荽以资点缀，现在连这些都省了。

陆稿荐与烧腊台有异曲同工之妙，不过我觉得两种作风之不同，很足以表现出江南人与岭南人的不同气质。

原载《新都周刊》1943 年第 19 期

小　食　闲　谈

饼干小话

剑影

　　饼干，即昔人所谓糇粮也，备远行之需耳。自欧风东渐，我华人嗜之者渐多，无不誉为家常小食中最便利之品。余嗜此物特甚，乃本吾经验，草《饼干小话》一则，拉杂书来，不觉琐碎也。

　　中国饼干制造之厂，林立于沪粤，然而出品精美者不过一二家耳。

影星黎明晖，刊载于《明星家庭》1935年第2期

西式饼干最廉价而最普及者，为普通之小什锦，银角一枚，得饼干可六七十枚，贮一小纸袋，其味不甚佳。然以之予普通小孩，则若辈不无欣喜，此项什锦，亦有装小铅皮罐者。什锦饼干而上有甜方、玫瑰、杏仁、柠檬、椰子等，可百数十种，味各不同，价不甚贵，

朱古律者，西名Chacolate，其物形似可可（Cocoa）而实非，以之作饼干，味香美，然亦有病其苦者。

咸饼干一物，别具风味，用以佐牛乳至佳，松脆香美特甚。

盐饼干较咸饼干为咸，味颇鲜美，而价格不贵，病者食之尤宜。

奶丝，或译乃士，西名Nice，意佳美也，为饼干中之上品，每片之上，均着车糖少许。

饼干中之佳者，以余个人所知者而论，当推英国多柏林之雅沽公司出品及伦敦享德利帕马氏里钉公司出品，味美且良，值亦较昂，每罐十数片以至数十片，价均在二三元而上。如雅沽之朱古律乳脂，香脆甘美，色泽可爱。橘汁乳脂，圆形，中夹橘汁乳脂；柠檬轻质，中夹柠檬乳脂，二面均淡，咸者脆松质，饼形长方。蛋糕乳脂（Custard Cream）及 Ascot 二者大致相同，均夹玫瑰，或可可乳脂。Rich and Sweet 则松甘丰美，葡萄轻质，则颇似柠檬乳脂而味又不同。圆形轻质，则既淡且松，宜于病者及幼婴。或嫌其乏味，其他如 Assorted Shortbread 与享德利之指形长条，圆形上等，

其味极似 Rich and Sweet 而价又稍贵。享德利之樱酱圆形，Royal Souriegu，味更胜于蛋糕乳脂，其 Icedfruit Cream 则几不似饼干，而为布丁或蛋糕。此外亨德利之雏形[1]小饼，味虽略逊，然颇有趣。

原载《小说世界》1926 年第 14 卷第 2 期

---

1. 编者注：此处"雏形"疑"锥形"之误。

糖果

青霜

　　自从上海的女学生，和一般的摩登女郎们，吃饭用盆而不用碗之后，于是糖果的历史，也跟着变迁了。

　　所谓国产的蜜饯糖果，为了潮流和时代的关系，自然被舶来品的巧克力和奶油太妃糖一齐打倒。于是向卖国产糖果的老大房和天禄和野荸荠，也不得不像冠生园般，摆着许多新的糖果，装作门面，以期引诱专门穿高跟皮鞋的摩登女郎

南京路店铺，左侧为沙利文糖果店

们光顾。卖舶来品糖果，自然首推沙利文做老大哥。本来沙利文是一爿小小的面包肆，后来又添卖蛋糕，再后来又添卖糖果，于是索性再卖大餐，这一爿小小面包肆从此就渐渐地扩充起来，现在居然也特设制造厂，专门制造面包、糖果与蛋糕。

沙利文吃的出品，在上海很有名，他们的顾客，也是全上海的上海人，尤其是上海的一班摩登男人和摩登女人。沙利文的制造厂，因此工作十分忙碌，许多从鸡叫做到鬼叫的男女工人，都靠着这一爿厂，度他们的苟延残喘的生活。

此外还有一家康生，也是专门制造舶来的面包和蛋糕与糖果出卖，但是生涯与声誉，终不及沙利文，虽然康生也有同样的摩登男人和摩登女人光顾，终因敌不过沙利文的老牌子关系，有许多高贵的茶会，到底不用它的出品。

日本人所制造的糖果，在"五九""五七"等国耻以前，在上海中国小孩子身上，销场异常伟大，当时最为著名的，首推森永御果子，上海的中国小孩子，人家伸着小手抢着买来吃。自从有了"五七""五九"，再加上"九一八""一·二八"，于是哪一个中国人竟然造了一句谣言，放了一把野火，他说日本人所制造的森永御果子里面藏着毒药做果子馅儿，来毒中国小孩子，吓中国大人们禁着小孩子不许再去买森永御果子吃。如今这森永御果子只有北四川路和吴淞路日本人住居区域内，尚有出卖。

国产的蜜饯糖果，虽然在上海被舶来品的糖果打倒，但是离了上海市的区域之外，依然还是它的势力，华界南市有名的专卖蜜饯糖果的老店张祥丰，仍然每年做得五六万光景的生意，一些儿没有不景气的气象。谁说中国人没有爱国心？只是在上海市里的上海人，似乎是差一些。

原载《上海报》1932 年 11 月 20 日

糖果研究

冼冠生

说起糖果，近二三十年来，已经过一番改进，在中国糖果史上，这是值得大书特书的一页。事前，提出三点，来说明糖果的地位，糖果的改进，和本文的目的。

（一）糖果有三种吸引力量，一是口味，其次是装潢，再次是卫生，但是，惹人的色彩，富丽的装置，这就是艺术家的身手。配味可口，和助长生理，这又涉及科学的范围，由是以观，糖果并非小道，却也足以表现国家文化的消长，和民族知识的高下。（二）中国式糖果，口味还说过去，但欧式糖果，全用机制，原料尽合卫生，可见两者的技术和价值，相差甚大。在现代剧烈竞存的局面下，物质繁荣的时代中，而经营糖果事业的人，也会加入战线，共同构成现代的基础。（三）冠生经营食品业有年，因是本刊编者，坚嘱撰文，并指定写糖果的历史，糖果的成分，使读者明了糖果的究竟，而发生鉴别的能力，但绝非为冠生园作广告。

历史的考据

糖果与生理发育，民族健康，都有连锁的关系，试观中古时代的人民，男子三十而娶，女子二十八而嫁，发育比较迟些，原因当时糖果，系用蜂蜜瓜果所制成，性质比较本和，而发育迟缓，亦理之常。欧式糖果，蔗糖为主要原料，火气较旺，可是西人对于糖果一物，非常重视，年耗数额，什百倍于我国，同时民族发育游期，比较我们为早，研究原因，欧人提倡体育，固然是一种关系，而多吃蔗糖制成的糖果，也是一种必然的结果。中国古式糖果，蔗糖是主要成分，芝麻花生，属是香辛类料，虽然很能引起食欲，可是养分不足，消化不易，且极易损坏儿童的牙齿，这种利害，贤明父母，类能道之。

从来中国的历史家，眼光专注于皇家起居，和皇族兴衰等大事上，稗官野史，从不肯放弃才子佳人的香艳材料，为衣食住行的生活要素作片段记载，所以糖果的发明时代，简直是无书可考。近读前人笔记，始知蜜饯糖果，宋时已有私人制造，但也不过是达官显宦、世家富户，闲着乏趣，偶然制造消遣而已。店家既无公开发售，方法也没有一定的标准。世事原是循环率，大家庭必有衰落的一日，于是这娱乐口腹的蜜饯糖果的起源，约略如此，同时中国糖果历史，也在此时而开始其第一页。

名产的鸟瞰

由"蜜饯"转变到"糖制"，不言可知它已经过一大变迁，且糖果已脱离小杂货店范围，而自立门户了。由此时期而后，技术逐渐进步，直至今日，有几种已享盛名。

土产所以得名，环境是第一要着，而出产与销路尤为构成优越环境的两大分子。"出产"多则成本低廉，且易挑选，这样，质料与价格，首先占了优胜。"销路"全仗当地的经济状况，如地方苦瘠，则人民购买力低，因之糖果名产，大半在富饶的地域。例如说广东，地质相宜种植果品，出产数量特别多，又加人民富裕，销售容易，所以广东糖果能在国内市场，占居特殊的地位。明姜、橘饼、东瓜，尤名闻遐迩，糖莲心是广东的主要输出物，当地年有大量输出（原料由湘潭输入），以前畅销日本、朝鲜、南洋各地。糖莲心在广东食品店，亦有制造，胜于广州所产，和糖冬瓜、橘饼，售与广帮作糕点馅心之用，一部分且行销东北、平、津等地。

北平因为建过都，贵族子弟多，吃的一道，非常讲求，糖果不但种类齐备，且风味别具，其中以蜜枣、梨脯、桃脯、沙果脯、杏脯最享盛名。橄榄是福建特产，他们利用它造成各种的糖果，五香橄榄、蜜橄榄更名闻天下（广州亦产是物，制成花色很多）。金华原产金丝枣，口味绝佳，只是不知改进，真是深可惋惜的一事。上海青盐糖果，规模宏大，本刊前期介绍的张祥丰，就是经营致富的一家。出品有糖青梅、桂花梅瓣、广子梅、红绿丝、青梅干、糖山楂、梅皮等数十种。张氏从事青盐糖果，先后有几十年，现在虽是继续经营，但大部分精神，已转移至银行钱庄方面。实际上糖果事业，同样需要极大的人力与财力，价值不减于银业，何况衰落农村，正盼着我食品界同人，予以局部的救济。

上海青盐糖果作，除张祥丰外，还有盛泰昌、恒义昶、万泰丰、悦来成等，现因糖税突增（蔗糖每担连同水脚，价仅六两，关税则需八两），税率超过违禁品，成本既忽加重，又因东北沦亡，市场夺去，青盐事业乃呈一落千丈之势。

再述苏州的糖果，以推销能力，广帮确占优胜，以制作精巧而言，是广帮不如苏帮。姑苏文物清秀，且有闲阶级居多，衣食住行都很研究，所以糖果也特别精巧。现分蜜制与糖制两单位，逐一说明之。苏帮蜜饯的特点有二：分量轻巧，甜味适中，远胜北方所制，如蜜金柑、蜜枇杷、桂花蜜姜、蜜橙饼、蜜什锦，莫不符合上述条件。其次，糖类如粽子糖、香蕉糖，价格适合平民，配味很可过去，其他如胡桃糖、晶松糖、松子南枣糖、白糖杨梅、松枣糕，都能分别附属物的甜分。总之，苏帮出品，口味尚佳，且苏州食品在个人心理上，已留一良好的印象，所以它的地位，成为馈赠亲友的名贵土产。

香港济隆糖姜，不但国内人民所津津称道，在国外更有神秘的力量，巴黎舞场，糖姜是香槟的代用品，名贵非常，酒吧间以及盛大宴会，必有糖姜作点缀，否则无以示主人的豪阔。济隆糖姜，系取广州的嫩姜作原料，食时无筋无渣，滋味鲜美达技巧之最高峰，可见一切事物，"盛名"终难幸致。

成分的分析

欧洲人对于糖果，可说有两大概念：（一）增加爱情的礼品——亲友馈赠，情人送礼，必利用它作示爱工具。（二）有益的消遣物，儿童的副食料，原因欧式果糖，完全根据卫生原理，和科学的方法，各种原料都含很多的营养素，现请公开其成分如左，俾明真相：

牛奶：脂肪、蛋白质，这是人生需要的荣养素，只有牛奶包合详尽。且身体上缺乏了甲种维他命，容易发生"成长障碍"，和"结膜干燥症"，亦唯牛奶始能避免是项"缺落病"。

香精：促进胃液分泌，引起人类食欲。

酸粉：助长消化。

净糖：增加体温，限制蛋白质的消耗。且包含纤维、蛋白质等基本荣养素。纤维能增进肠胃运动。

欧式糖果的成分，已有简略的说明，可见糖果确有助长生理的功能，本文并非为宣传而作。第七期上，当叙述西洋糖果以前在中国市场活跃的状况，和我们怎样奋起自救，告诉读者一些史料。同时，再写些糖果的制法，时间分配法以及其他，供献一得于当代主妇们。

舶来糖果推销之初

三十年前，国内糖果市场，还是为中式糖果占据着，同时国人对于它的观念，并不重视，认为是闲食的一种，安慰儿童的工具。除了名贵的土产外，很少用作亲友间馈赠的礼品。北平因为是当时的政治枢纽，居住外侨很多，各国外交官吏也都汇集于此。津沽地处华北商业的中心，经商的外侨，更不在少数。读者当能明白，欧美人民非常重视糖果，视为一种正当的消遣物，大有一日不可无此君的习惯，中式糖果，不能满他们的意，于是洋商略为采办本国糖果，供应外侨的需要。满清政府昏愦，这是中外共认的事实，所以历来丧失许多国权，当时关税主权，完全操在客卿的手里，外国糖果当初不征税，且中国官吏不注意此区区的税收。于是国外糖果商人，尽量输入，达官贵人，学时髦起见，也用舶来糖果当作礼品了。需要既大，糖果便源源入口，行销各通商大埠。

摩尔登糖果的活跃

舶来糖果公司，第一家侵略我国市场，便是英国的摩尔登，出品有金丝糖、乌龟糖（又名香蕉糖），方玻璃瓶装，长扁玻璃瓶装。后来又出七磅白铁瓶杏仁糖（又名石榴子糖）。当时的国内茶食店，大都采办本国货品，摩尔登糖果完全由洋广杂货店代售，但是在经济活动力量微弱、生活程度简单的时候，摩尔登无论经商方法如何合理，至少要受到环境的限制的。庚子年后，五口通商，洋货输入激增，五京伙食店逐渐设立，摩尔登糖果乃由清淡时期渐呈活跃的状态，不但洋酒罐头食品店（即五京伙食店），替它极力推销，当时广帮罐头饼食食品店，也和他们代售出品，这时的摩尔登，实在是最盛的时代，也是舶来品糖果在国内市场活跃的最早时代。

糖果全盛时代检阅

摩尔登为舶来糖果打出一条出路后，各国商人当然不愿放弃这一时机，因此大家都想插足来分一杯羹了。英法出品，畅销于贵族阶级；日本森永糖果株式会社发售牛奶糖、香蕉棉花糖、这厘软糖，民国初年，盛极一时；意大利有果子酱糖果等；美商吉时洋行经理之留兰香糖；英商老晋隆经理之爽口糖、生生口香糖；麦边洋行经理之猫狗牌牛油糖、鹦鹉太妃糖；美商公利洋行经理之棉花糖、杏仁椰子糖；以及瑞士国出品英瑞牛奶炼乳公司之巧格力。俄荷两国，出品大致相同。五花八门，勾心斗角，驰驱于中国市场。为便利读者明了，与供给撰论作文者的材料计，特述如左：

英国老晋隆洋行：生生口香糖、爽口糖

英国麦边洋行：鹦鹉太妃糖、玫瑰花巧格力、猫狗牌牛油糖

英国公兴洋行：摩尔登杏仁糖、拜司告方瓶糖

英国霍杰士洋行：马利太妃糖、皮来司丝光糖

英国别趣纳公司：水果糖、棒球糖

美国公利洋行：包盾牛奶糖、椰子杏仁糖、棉花糖

美国吉时洋行：留兰香糖

法国龙东公司：法国花式糖、梨子糖、栗子糖、小人糖、杏仁糖

意国海米洋行：乒乓水果糖

俄国俄商协助会：牛奶糖、夹心果子糖、巧格力

日本森永制果株式会社：牛奶糖、巧格力、香蕉棉花糖、这厘软糖

瑞士英瑞炼乳公司：雀巢牌巧格力、企公牛奶糖

外国糖果，以前虽畅销一时，从未能在内地立足，不过在通商口岸插足罢了，和经营烟草的洋商比较，那就有天渊之别。统计舶来糖果，出品最多要推英国，势力最普遍，那要算吉时洋行，他们经理的留兰香糖，据闻每年销数有七八十万元之巨。

国人制造糖果历史

约在民国五六年时，香港华记公司创造纸包香蕉糖，形如爆竹，风行过好几个年头。马玉山在新加坡又开办马玉山糖果饼干公司，一切采用机械，工程师是美国人，出品很多，著名者如杏仁糖、羊城金吧糖、柠檬片糖、柠檬软糖，声势浩大，很足与洋商糖果一争上下。马氏于营业顺手之际，就在北洋长江各大埠，设立支店十余处，终因出品高贵，价格过高，不能适应内地之购买力量，营业因此不见进展，又为国民制糖公司关系，结果失败，马玉山公司是过去了（香港

方面，由债权团维持，范围不大），然而他是第一人和洋商作有力的竞争，这一劳绩就不能算小。现在他的介弟宝山以及公子汉明，仍旧继续前人之志，创办香港上海马宝山公司，出品既不亚于当日的马玉山公司，营业尚称进步。

冠生园在上海发明果汁牛肉、陈皮梅之后，开始制造糖果，现在受人欢迎的十大糖果，如蜂蜜太妃糖、奶油太妃糖、杏花糖、合桃糕糖、摩登杏仁糖、牛油波子糖、105巧格力、128巧格力、什锦巧克力、奶油花生糖。也可说是我们二十年来尝试的小成绩，至于怎样和舶来糖果争长短，怎样改良，又怎样制造，当公开陈述之。

十大糖果概述

本人制造糖果，算来已有七八个年头，在可以告一段落的今日，想对读者说几句话。

为什么我们要改良糖果呢？原因是非常简单，第一，踏进职业社会，开始就是食品事业，兴趣随着年代而逐渐增进，本位也自然地慢慢扩大，所以研究糖果，可说是受兴趣所推进，亦职业上的必然趋势。第二，英法糖果在当时，势力偏及上中阶级，每年漏卮，为数极大，救国不尚空谈，救国不可后人，我们自应从本位上努力，挽回国家局部的损失。经之营之，到现在，出品达百余种，而十大糖果的色香味，尤足与外人制造者公开品评。

假如外人经营的话，无论出品种数，营业状况，一切局面和我们相等，那非有一二百万资本不能善其事，因为制造的机械，工场的设备，在在需要巨款。我们是运用自己的经验，调查国内的民情，创造一切的应用器具，制造人员，也未聘西洋技师，或留学国外的专家，仅是有研究精神，经验丰富的同人，经过长时间的模仿和改造，毕究成就了今日的成绩，这是我们从普通范围，极力为国家收回一分权利。原料和出品为正此例，我们对于这点很是注意。同时欧式糖果，大半原料，向多采自外洋，这样在国内市场固然争回若干利益，但一部分原料所费仍流出国外，深觉终非上局。所以我们用自造为原料，设法自造，逐渐使其纯粹国产，如香料一项，以前购自外洋，现在就用水果取汁法，这是对于国家经济的小贡献。舶来糖果，价格高贵，三四元一匣，很是普通，但和我们的价钱相较，约为十与六之比，减轻顾客负担，不也是我们的小贡献吗？本人并非为新式糖果辩护，新式糖果如蜜饯、明姜、冬瓜、莲子，确有渐加改善之必要，无论在制造和形式两者，我们应当极尽心力，设法改进，保存固有的国粹。

七八年来，我们糖果出品，已有一百多种，著名的十大糖果，乃是最堪自信，深得舆论的出品，工业制造手续原很复杂，颇难一一列举，但欲使读者明了我们的原料，略加发表如左：

奶油太妃糖：本糖原料，用鲜奶油、饴糖，以及生理组织上所必须之滋养料所制成，为冬令糖果中之上选，每磅售洋一元。

杏花糖：本糖用麦芽饴糖及滋养香料制成，食时甜而不腻，温馨可口，既富滋养，且能肥儿，每磅六角。

蜜饯糖果，历史甚久

105 巧格力糖：巧格力系采办美国巧格力果制成，为冬令糖果中最珍贵之食品，本糖经一百〇五次之改善，始成此特殊之风味，且富滋养，每磅一元六角。

蜜蜂太妃糖：用青青蜂场之蜂蜜及饴糖、奶油制成，其味隽韵，常食不但滋养，且有润肠止咳之功，每磅一元五角。

摩登杏仁糖：摩尔登杏仁糖来自英国，每年漏卮甚巨，本公司为谋抵制起见，特采办中国叭哒杏仁，及滋养香料制成，一粒入口，满颊生香，名之为摩登杏仁糖，所以留抵制之纪念。每磅七角。

合桃糕糖：本糖为补脑安神之品，且为本公司改良国产糖果之一创作，食之不独香软可口，且能充饥，每磅八角半。

128 巧格力糖：本糖取名一二八，寓有抵抗外侮，纪念国仇之义，其味如一〇五，并加重鲜奶油，故滋养尤富，每磅二元五角。

什锦巧格力：什锦巧格力，有纯净及用各种果实为夹心者，风味各个不同，而有益于食者择一，每磅一元六角。

奶油花生糖：花生为我国特产，本公司为谋国产之昌明，特用奶油掺和改良制成，为新时代之糖果，每磅六角。

奶油波子糖：本糖为奶油及植物合制者，冬令食之无异进补，每磅七角半。

右项说明，冠生园糖果价目单上，言之甚详，唯恐未为一般人所认识，所以根据原文，写成如右所述，然并非为十大糖果作宣传，事实如何，读者尝试批评。

蜜饯糖果之探讨

蜜饯糖果，历史甚久，是我国国粹的一种，但一般人不很重视。殊不知食品事业，地位十分重要，增加原料用途，便关系农民的生计；扩大制造，可以救济工人的生活；供应市场，便能周转商况的呆滞。我们不谈救国则已，否则提倡国产糖果，也是具体办法的一种。因此，来谈谈蜜饯糖果了。

它的优点

稽考前人笔记，元代就有蜜饯的方法了。它可以分做干湿两种，糖藕、橘饼、莲心之类属于前者，蜜青梅、蜜橄榄等干湿都能制造。假如配制合法，食之自然有益。况且蜜饯糖果，原料完全国产，价格又低，原料先就占了优胜，此其一。蜜饯者无火气，功能补肺，蔗糖者就不免有过热性的弊端，此其二。讲到口味之点，它有耐人回思，温存柔媚等美处，就是多吃些，也不觉过甜乏味，此其三。照原理上言，它尽有风行天下，代替欧式糖果的能力，只是制造者不知改进，以致造成今日的局面，实际上原料尽为国产，价格可以适合各地的购买力，千百年来的固有国粹，也尽足以永久保存，此其四。

它的种类

最著名的蜜饯糖果，大别有三派：广东、北平、苏州，各有各的特点，广派花样最多，北平口味浓厚，苏帮分量轻巧，门户分立，不相上下。大概干制者以广平两派略胜，苏帮则湿制者精美。分别言之，广派出品，比较闻名的，有冬瓜、莲子、金橘、佛手、椰子、无花果、明姜、荸荠、橘饼等数十种。北平有红果、山楂、桃脯、杏脯、梨脯、沙果脯、蜜枣等。苏帮则梅子、金柑、杨梅干、枇杷、红绿丝、青梅干、蜜樱桃等等。以前，乡间宴客，因为代价低微，主人又可布摆场面，所以盛行四果盘、四蜜饯的酒席，但蜜饯糖果像红绿丝等，竟不能入口，不过因有土产风味和价格便宜的缘故罢了。从这现象研究，可见蜜饯者因未加改进，而渐渐淘汰，但本身价贱，很可使之普遍，这真要经营食品事业者来担负复兴的责任了。

它的制法

目前的制法，还是十年以前传下来的，它的基本法则可分晒和烘两种，各视原料性质而定。第一步拣选原料，用水洗净，如本质过软，制成不能久藏，那么用上等石灰练过，敷以适当的蜜汁，用晒或烘的方法，完成制造的手续。关于这点，我认为深有讨论的必要。火烘能节省时间，但水分太少。日光含有天然的强身功效，而时间很不经济。认为最科学的方法，当推用水汀焙制，时间既经济，湿度亦合宜，国内经营蜜饯事业者，不妨尝试。

改良之点

欧美糖果商人，他们从我国学来方法，现在也制造蜜饯糖果了。据调查所得，他们选择原料还算认真，制造手续也还切合科学的方法，但仅知火烘的方法，可见尚未研究地道，然外人的事业精神，大都今日不成，明天再来，即使已达成功之境，依然不肯放手。假使外人制造蜜饯者，到了造峰达岭，他们的商品，全球风行，而我们不过出售原料，眼看他们一日千里，这又何等可惜！自然在尚堪努力的今日，大家尽人之能，极物之力，向下述方面前进：请求装潢，引起购买兴趣；选择原料，增加顾客的信用；制造科学化，提倡原有土产，促进民族健康；大量生产，以低廉价格，精美出品，吸引人民购买。

业余作文，无暇参考书籍，仅就所知，书写一二，祈读者原谅！

原载《食品界》1933 年第 6 期

摩登饮料

嘴张

这个年头，是摩登化的年头，一切一切，都非摩登不兴，在上海，便连马路旁边的街头饮冰处，也摩登起来了。他们同样有鲜橘子的刨冰出售，而且杯子里头也斜插着一枝麦管。中下社会的同胞，花了微细的代价，便可用摩登的方法，畅饮摩登的饮料，以消溽暑，当然是件极便宜的事。所以这一类摩登化的街头饮冰处，往往是座上客常满的。

但我们试一研究街头饮冰处鲜橘子刨冰的原料，则不禁吓了一跳。鲜橘子刨冰的主要原料，当然是鲜橘子水了。在一只玻璃或洋瓷的容器里，装着满满的火黄色水，这水的上面又浮着几个切开的花旗橘子。水有没有开过？火黄的颜色是不是用有毒染料染成的？那不得而知；但你若去细细观察那几个切开了的花旗橘子，便立刻可以发现无论在表皮或者内里，往往有一块块灰墨的瘢点存在。原来这是饮冰处主人贪了贱价，向水果铺子收买溃烂的货色，削去腐败不堪的部分，投在水面上，做幌子的。

至于吸冰水的那根麦管，那更说不得了。本来吸汽水或冰水的要用麦管，无非为避免传染病起见，所以麦管用过之后，便应将它立刻丢掉；但街头饮冰处的主人小气得真是出奇，甲主顾用过的麦管，往往停会又被插在乙主顾的杯子中间了。麦管是纸制的，经过几度的浸润，当然疲软得不成样子：若说甲主顾有传染病的，那病菌自然无疑地也传染到乙主顾身上去了。

在这出奇的大热天，本来谁也得想享用一点清凉饮料的。但就经济力不十分充足者想法，则：自己烧好一壶开水，搁一点白糖在里边，买几个子儿碎冰把它镇得凉透了，也何尝不凉沁心脾。又何苦一定要搭架子去饮这种名是实非的摩登饮料，将腐烂果实的汁水，和不知谁何的传染病菌，一起吃下肚去呢？

原载《申报》1934 年 8 月 25 日

香瓜子的猖獗

有若

　　上海的里弄中间，小街上，乃至市容整然的大街上，有卖香瓜子的人喊着走过，做她的生意。因为大都是中老妇人，所以用了女性的代名词。她们的口音总是淮扬一带，或者是来自较徐海为近的地方，在地理知识不很充分的我们一般人，笼统地叫她们江北女人。江北是指大江以北，那个范围太大了；不过说江北人，在我们一般人中间，却略有个一定的概念，凡是口音中带有"拉块拉块"的，就有被认为江北人的资格。这一群的奶奶，老奶奶，一定是由人工造成的尖纤的小脚支撑着一个较高大的身躯，头上十九是用一块青布包着，那盛商品的篮子是挽在臂肘之间的。抛头露面到街坊上来，对于那双经过陶冶的脚，是很遗憾的吧。可是在她们的脸上，并不显露出难堪的颜色来，反而有很悦耳的叫卖声，去打动主顾的心。一定有人不从实际去考查，而从空想的念头来质问："拉块拉块"有什么悦耳呢？不过他如果不曾忘却香瓜子的叫卖声，他一定不会否认这"悦耳"二字。并且我还可加一点小小的说明。

　　扬州是中国以前文明的中心，其历史可上溯到一千多年之前，那里的繁华比之今日的上海更胜一筹，我们从许多诗文小说中可以知道的；而扬州的女人，便有成为女人中的女人的必然性了，即是以并肩相称的苏扬两帮而论，扬州也未必输于苏州。因为扬州的女人有千年以上的传统的训练，所以虽在今日扬州已经没落，而扬帮女子职业，仍在全国各地执着牛耳。这一种女人文化，以扬州为中心传播开来，也有千年之久，则那些来自那一带地方的妇女子，自然因熏沐得很久，而比众不同了。所以香瓜子的叫卖声，实在比之唱凤阳歌的，另有一种韵味，更幽远而足以令人神往的。

我本来有好几年不离开上海了，当做香瓜子的买卖，只限于上海一隅的，因为上海闲人多，而香瓜子也是消闲物事，于是善于投机的江北同胞便出来做此种生意，大街小巷之中，便时刻点缀着那种悦耳的叫卖声了。近来很有机会在邻近的大小城镇走走，却实见了到处有挽了篮子出卖香瓜子的。做此种生意的仍旧是她们一帮人，不过连大小男女孩子，也全部加入阵线了。近年来江北人到江南来的多极了，不但像候鸟一般，到了冬天才来，到了春天便回去耕作，长长踞居在艑艑船上，过着生活的也很多，他们不愿回到苦难的故乡去了。自从淮河淤塞，江北日趋贫困，逃荒的人每每一走不返故乡，所以江北贫瘠之区，常有数百里不见人烟的，江南各大小城镇寄留江北同胞，数目确实不少，他们要维持生活，便不能不做种种工作种种生意。卖香瓜子也是各种生意之一。

卖香瓜子的虽在街头巷尾走，却也有一定路线，总是以水陆码头的茶馆为中心。这些地方，有候车候船的出门人，坐着无聊，也不能尽喝茶水，自是她们最容易施展之地，所以成群结队，川流不息地来往着的此种手挽篮子的男女小孩大孩，以及居于领导地位的奶奶老奶奶，无不用尽心机做他们的生意。出门人的愿意交易，花费三五个铜板的不在少数，而被她们包围了，不得不敷衍几十文的，也很有其人。那些善于做生意的江北孩子江北女人，总不轻放过每一个机会。"先生，三铜板！""先生，二铜板！"叫得你非应酬一下不可，而他们的确是如此诚恳，用非武力的手段来使你就范。那些大小男女孩子们，自然不是悦耳的声音了，妇女的叫喊也不像上海她们的动人，在各大小城镇的她们，却并不因此而减少她们的营业，大概她们很明白因地制宜这一点，因之到处得利。

香瓜子是向日葵的种子，也许是向日葵子几个字的谐音，没有味道，也没有咀嚼，为什么有人喜好呢？无论比之西瓜子或南瓜子，都比不上，从任何处观察，都居于劣次的地位，为什么如此流行起来，竟至猖獗起来呢？有许多糖果茶食店，一向以为是贱品而不出卖的，现在也备有此物，而且承认它有香瓜子的名称了。这真是不可解，不可解的。不过她们的推销得力，却无疑是一个绝大的原因，只要有销路，便是上好的商品，商人是以此为原则来品评货物的，所以物的本身价值和作为商品的价值，可以大相径庭。香瓜子的猖獗是事实。无关于它本身的品位如何。

　　香瓜子是向日葵的子，向日葵有向着太阳的心，据说向日葵早晨对着太阳上升起来的东方，仰了头一直对着太阳，夕晚便向到太阳落下去的西方了。向日葵是如此向日的，而香瓜子是向日葵的子。据说殷汝耕、胡立夫一般人是很爱吃香瓜子的，上海"一·二八"的时候，胡立夫先生一般人在闸北效劳过几个月之前，殷汝耕先生一般人又在冀东唱好戏，现在尚未下台，他们这一般人，一定吃出了香瓜子的味道来的了。北平、上海、广州，各地的日文日语教授生意日渐好起来，各书坊的日文日语的书籍出版日多，销路不差，这些事实很令人不得不有一种感想；此种感想容易令人联想到香瓜子的猖獗，和那悦耳的叫卖声。

　　　　　　　　　　　　　　　　　二月十二日

　　　　　　　　　　原载《论语》1936 年第 85 期

冰淇淋南北译名

冰淇淋的制法，自西洋传来，"冰淇淋"三字，乃是从 Ice Cream 译出，若照字义译，应该是"冰奶酪"，而现在则第一个字照字义译"冰"，第二个字却译其音而为"淇淋"了。

冰淇淋在上海，第一块牌子当然要数美女牌，不过美女牌的广告，却译为"冰结涟"，而不叫"冰淇淋"。

袁美云在吃冰淇淋，陈嘉震摄影，刊载于《良友》1934年第89期

在上海，冰淇淋的名称，虽各有译法不同，但大体上还算是统一的，最奇怪的是天津北平一带，这东西叫做"凉的败火"。记者曩年作客天津，衙衕里屡次听见叫卖"凉的败火"的声音，起初不知是甚么东西，后来老妈子告诉我，原来就是冰淇淋。碰到一位北平朋友，我问起他，据说在北平也叫做"凉的败火"。既凉而又败火，这不是译名，也不是译音，乃是自成一家的杜撰名称了。

此外，还有在广东及香港，也不叫"冰淇淋"而叫"雪糕"，"冰"在广东香港，似乎有点不见经传，跑冰鞋在广州香港，叫做"雪屐"；"冷藏"，叫做"雪藏"；如果沙滤水里放几块冰，你就得说"雪水"，因此"冰淇淋"也就或为"雪糕"了。

记得有人曾提议将 Ice Cream 译为"冰麒麟"，这的确比"冰淇淋"雅致得多。又记得，前年老牌麒麟童的快婿张中原，创办一家冰淇淋公司，牌子是白玫瑰。即称为"白玫瑰冰麒麟"，只可惜这麒派冰麒麟，寿命不长，今年已不见有应市，未免是一件憾事了。

原载《电声》1938 年第 7 卷第 27 期

饮 冰

张亦庵

端午既过，该是冷品上市的时候了。

在我国过去的吃的历史中，原有不少关于吃冷品的故事，如浮瓜沉李之类，但是本文不想作考据的文章，更恐怕在这炎热的天时，考据的东西搬得多了，会发生催眠作用。现且就个人对于冷饮的一些经历来说说。

幼年居粤，虽在炎热的南方，而且对外交通又早，然而在我最初的记忆所及的冷饮品，尚未发觉到有冰淇淋或用冰来冰冷的东西。其时大约已经是光绪廿五六年了。那时我家中夏天的饮品，除了茶水之外，偶然会制一次柠檬汤。所谓柠檬汤，就跟酸梅汤相仿佛的一样东西，不过它不用酸梅而用腌柠檬调制，而且当时也没有冰，制成了就喝。过了三四年之后，才听见街上有喊着卖"透心凉呀雪力古"的声音。

在广东的广东人没有到过较北的地方者，往往冰雪不分，他们只知有雪，而不知有冰。后来西人做成了人造冰出卖，而广东人就把它认作雪。就是由冰而冻制出来的上海人所谓冰淇淋在广东的初期名称也叫做雪。吃冰淇淋就叫"吃雪"。第二期就进步到称为"雪糕"。第三期才采用到英语的音译，而写起来是"埃士忌廉"，不过一般人的嘴里仍是叫雪糕。

当雪糕之初出现时，形态很简单，只是在街头喊卖。制作的方法也相当拙陋：一只水桶里头套一只白铁皮的圆筒，两者之间的夹层放一些碎冰块，白铁筒里放原料，往来旋转若干时候便成功了。至于原料，也不过白糖、淀粉、香料、开水之类，上焉者加三两只鸡蛋，下焉者则并鸡蛋而无之所谓。"忌廉"的奶油是不会有的。价钱也卖得挺便宜，一个铜板一小杯，其分量约等于两茶匙。本来可以一口而尽，但是我们买得之后却慢慢地用舌头舔着，尝着，所得到的味道第一是冷，其次是甜，再次是香。这已使当时的我们感觉十分满足了。

后来这东西在上海有着闪电的进步，这或者因为欧美人居住在上海的不少，物质的条件也比较宽大，欧风美雨，自易感染。十年以后在上海吃过高等的冰淇淋后，回想到家乡的"雪糕"，真觉村得可怜。

现在卖冰淇淋的已经不是在街头叫卖，而都有一席之设，而且布置大都雅洁堂皇了。除了冰淇淋以外，还有其他各种冷饮，刨冰汽水，名目繁多。现在这种饮冰店无不称作饮冰室。考饮冰室这个名称，原是梁任公先生的别号，他自己因为热爱中国，血液热得沸腾了，心房热得要爆炸了到了非饮冰自解不可的地步了，所以自署"饮冰子"，所作文集称为《饮冰室文集》。后来，大概是民国初元的时候，上海有一家饮冰店，似乎是在南京路大中烟公司楼上的，借用他的"饮冰室"

三个字来做市招，既风雅，又贴切。从此上海所有的饮冰店都应用了这个名称了。梁任公先生自署此名，原是抽象的，而后来竟成为一个具体的名称，恐怕也非他老先生始料所及的吧？

夏虫不可语冰。好在咱们不是夏虫。而现在的冰是不分冬夏全有的，前谈饮冰，意犹未尽，再来唠叨几句。

世态炎凉，是一句愤世嫉俗的话，孰知事实上却有十足具体的表现。记得民国初年的时候，北四川路仁智里口有一家店铺，字号叫什么，我可忘了，我也说不准它是什么店，因为它在冬天卖棉胎，夏天便改行卖冰淇淋、刨冰，年年如此。这不是十足表现它的投机趋时吗？这家店铺后来不见了，也许它的老板已经发了大财而退隐享福了。现在上海许多棉花店都学得了这一派作风。不过它们到夏天不一定都卖冰食而改卖芦帘。

在上海，夏天市上出卖的冰，从前有天然冰和人造冰（即机器冰）两种。最初是天然冰居多，穷孩子们手挽竹筐，在烈日下奔走流汗，嘴里高声嚷着："冰啊冰啊卖冰啊！冷阴冰啊卖冰啊！"那都是从冰厂里贩来的天然冰。到了近年，人造冰占了优势，天然冰已渐归淘汰了。以卫生而论，人造冰的确胜于天然冰；以经济而论，天然冰也应该归于淘汰。

三十年前，在上海北部的郊外村野地方，到处可以看见一座座隆然高起，用稻草搭成的，像金字塔形状的，广袤逾三四亩，高达十丈八丈的东西，在阳光照耀之下，金黄灿烂。这就是所谓"冰仓"，是天然冰的仓库。每一座冰仓的前后面总有一片六七亩的水塘，水深不过一尺几寸。在隆冬塘水冰结之后，便雇人将塘面的冰层敲碎，运入仓内的地窖内储藏起来。因为仓上有很厚的稻草覆盖着，阳光热力不到，所以仓内的藏冰终年不会融解，到了夏天里便运出来应市。这样的冰，自然不会清洁，直接吃入口腹，是十分危险的，所以它的作用，至多用来间接冰冻食物。近年来上海近郊地价高涨，花了十亩的地皮去储藏那么一点冰，是太不合算了，因此冰仓便渐渐消灭，而天然冰也渐渐淘汰了。

幼年时候，常常在课余之暇，偕同游伴，带了气枪，爬上冰仓的顶上猎取麻雀，有时又环绕着那庞大的冰仓做迷藏之戏。往往给看守冰仓的人发觉了再挨一顿好骂，理由是我们会踏坏了他那稻草的仓顶。的确，有些仓顶露出了窟窿，这或许就是另一些孩子所踏穿了的。长大之后，学习绘画，到野外写生，这些冰仓又成为风景画中很好的点缀品，很能表现出上海郊外的特征。现在，都没有了。

原载《新都周刊》1943 年第 15 期

食味杂记

赴喜筵的苦趣

顾佛影

我是一个不善酬应的人，平常亲戚朋友家里有什么婚丧庆吊，请我吃酒，我总是辞谢的回数多，我情愿牺牲了海参、蹄子，躲在家里吃花生米臭麦烧，不情愿去和人家混在大厅上闲扯淡，这大概也是我一个人的特别脾气罢。

这一次是本地一个朋友结婚，全校的同事，都送贺礼，我少不得也加入一份，礼虽送了，吃酒可是仍旧预备不去的。谁知同事们说，这里的风气不比别处，你送了礼不吃酒，便是表示送这礼不是诚意，主人应该要还的，现在我们送的是公份，我们去了，你不去，叫他们还的好呢，不还的好？还是把这缎幛剪一角给还你呢？我想这话也不错，况且这次有六个同事，团体出马，吃的时候，合坐了一席，谅来也不至十分拘束，不如就去了一次罢。想罢，只得答应了同去。

这天的天气真冷极了，到了晚间，越发冷得厉害，我们去在路上，两只耳朵被西北风吹得好似冻馄饨一般，然而没法，只好咬紧牙齿，向前奔去。奔了一会，好容易到了我那朋友家里，主人自然请我们里面坐。我们进去，只见里面是豆腐干大小一个天井，同样一只厅，厅的左面，另有一间会客室，大小还不过厅的一半，两间屋子里面，这时已坐了二十来个人，暖是暖了，可奈那一股烟馨肉臭和各人吐出来的碳酸气，也就熏得厉害。我当时没法，只索坐着。

坐着坐着，来的人越发多了，两间屋子已挤得水泄不通，而且一大半都没有坐位，站在地上摇来摆去，我偶然间屁股一动，那只椅子已给旁人抢着坐了去，这可更窘了，正待从人缝里挤出去，恰巧被那主人瞧见，他急忙替我另外找到了一个坐位，总算免了我两腿受苦。

这一坐足足坐了三个钟头，肚子饿得大呼小叫，依然没见摆席，我暗想他们婚礼是在上半天行过了，怎么这会子还不见摆席，当下回头想问问同事，不道六个人跑得只剩了一个。我就把这话问他，他道："这里的风气，大凡吃夜酒总要到十一点过后才坐席，十一点钟以前，不但客人不会到齐，便到齐了，主人家也不肯摆的。"

我又问他们几位哪里去了，他道："他们早都在后面打牌哩，方才因知道你素来不干这个，所以没有招呼，你要等得厌气，可以同到里面去瞧瞧他们。"说着，他就领我走到后面。只见那几个人，果然在另外一间小屋子里打扑克，旁边瞧的人，虽然不少，但还没有前面那样挤轧，不过我对于扑克这样东西，素来是没有缘分的，坐在旁边，没甚意思，满屋子里一找，忽然被我找了一件宝贝。什么宝贝呢？原来是凳脚底下拾起来的半本《三国演义》，这可好了，我也有了消遣的东西了，他们打扑克，我看《三国演义》，大家同在两枝洋烛底下挨这半夜天的冷与饿。

　　他们的扑克打罢，我的《三国演义》也看完。然而五脏将军的索薪电报，已急如星火，这时候总算承这位贤主人的美意，居然来请坐席了。可是坐席也并不是一件容易的事，主人双手捧了一张红纸，在厅上喊着，客人竖直了耳朵，在厅下候着，请一位，坐一位，敬一杯酒，被请的还要打拱作揖地谦让，三推三让方才就座，这套戏法，俗语叫做安席。可怜这六席酒安齐，主人的喉咙哑了，客人的腿僵了，我本和六个同事约了坐一桌的，可是这时哪里还能由我自己做主，早被主人硬拉到另外一桌的首席里去了。

　　我抬头一瞧，只见这同席的一共有六个人，底下斟酒的那位，他独当着一面，大约是主人的本家。和我并肩坐的，是一个老者，这人倒很有些绅士的态度，不过满面烟容，只要瞧他这副漆黑的尊牙，就可断定他的烟量至少在五钱以上。对面两位，一位是个白而且胖的大胖子，这人讲起话来，开口"县长"，闭口"县长"，我起初以为定是县里哪一科的科长，后来才知道他是新委的征收员。一位是个瘦弱少年，坐着一刻不停地咳嗽吐痰，年纪还不满二十岁，肺病恐怕已到了第二期。打横的下首一个，头戴簇新的建绒小帽，身穿摹本缎老羊皮马褂，只是脑后那一条尊辫，经过了这十一年光阴，依然存在，便是十个钉耙似的指头，也很足以表示他是一个劳动界里的优秀分子。他上首坐的一个十四五岁的孩子，背后也是小尾垂垂，估量着很像是他的儿子。不过他俩既然是父子，怎么儿子倒反坐在父亲的上首呢？这个理由，我至今还想不起来。

我再瞧桌上摆的十来个碟子，除了糖食、水果、瓜子、花生和酱油醋之外，可以吃的只有四个冷荤盆，一盆是冻鸡，一盆是咸肉片，一盆皮蛋，一盆海蜇皮。主人喊一声"请"，我忙举起筷来夹了一片鸡，送在嘴里，只觉得牙齿上奇冷彻心，而且有一般骚膻味儿，更是难受，只得仍吐出来。再一瞧四盆东西，早已扫得精空，大家都在那里磕瓜子啦。

菜来了，菜来了，阿弥陀佛，这可该有得吃了咳，谁知急惊风撞着慢郎中，偏是这位烧菜的厨子先生，又极考究卫生，他老人家恐怕我们胃里东西积得多了，不容易消化，所以每上过一道菜，至少要停二十分钟，才上第二道，而且每一道菜的容量，限定每人只够一匙，便是偶然余些，也是我侧边那位小辫将军独享，更不容旁人染指。至于斟酒的那位先生，更是有趣，他自己大约是不吃酒的，所以对于旁人的吃酒，也取限制主义，他双手捧住了那壶，当他手炉一般地烘着，不等酒冷，是从来不斟的，斟的时候，却又非常恭敬，先是站直了身子，双手把那壶高高举起，然后颤巍巍地从人家头顶上面直浇下来，每斟一杯酒，总有大半杯斟在杯口外面，剩的也就有限了。我先是因没得菜吃，很想喝两杯热酒暖暖胃，这样一来，我这一个计划，又成了画饼。

上到第三道菜，是一碗猪肉片炒海参，这时那位老绅士模样的人，要发言了，他先把两道呆钝无神的眼光，向对面那少年望了望，然后把鼻孔一掀，肩膀一摆，吐出一种极枯极涩的声音来说道："今年的肉价，真要算贵极了，一块钱还买不到三斤咧！"老绅士这两句话，好像是向对过那个瘦弱少年说的。然而这少年尚未回答，已被那胖子抢过去，那胖子道："是呵，肉价果然贵了，不但猪肉的价贵，便是牛肉、羊肉、鸡肉、鸭肉的价都贵了，所以县长……"胖子的话绅士仿佛像没听见的一般，仍继续着向那少年道："肉价虽贵，然而这个东西的价还要贵，少侯，你这两天可尝尝没有？"绅士这句话，是指定了少年问的，于是少年不得不发言了，只见他一面咳嗽，一面断断续续地说道："我，……阿罕，……这两天，……阿罕，……要想不吃，……阿罕，……实在不能够，……阿罕，阿罕，阿罕，……"

　　绅士再想发问，不道那胖子的话又岔出来了，胖子道："我昨天会见县长，县长说的，再停两天，他就要下乡去了。"胖子说"县长"两个字，声音本非常沉重，可奈这位老绅士，仍旧没有听见，仍问那少年道："听说你昨晚在东门小白狗子家里打了一夜牌，究竟是胜的负的？"少年这时咳嗽刚停，恐怕一说话，喉管里又有冷气进去触着呛，所以对于绅士的话，不敢回答，只把头微摇了两摇，不晓得是不是表示失败的意思。胖子在旁边见他的话没人接应，不觉气极了，擎起那只酒杯，放在嘴唇上，拼命地咂，可奈他杯里酒早喝完，任你咂断舌头，也不过咂一大口空气。幸而这时菜又来了，总算打断了大家这一场谈判。

这次吃菜，我又发现了两层绝大的危险。第一层是我侧边坐着的这位小辫将军，吃法非常特别，他用匙子舀了汤送到自己嘴巴里去的时候，并不走直路，却要向着桌子左角取弧线地进行，当他这匙汤兜过桌边的界限，在我两腿上面经过的时候，若要一个不留神，准把我这件袍子绘上一大幅改良油画，我坐的地方，前面桌子，后面是壁，左右两面更被旁人的椅子挤住，实在一步也没有退让的余地，这可要算危险了；然而还要危险的，却是对面那位生肺痨病的少年先生，他的咳嗽比先前更厉害了，嗽出来的唾星痰屑，在桌面上飞行无碍，偶然有一两点，也会溅到我的脸上来。这个危险更使我吓得把饥寒都忘了，忙着一面用手捧了脸，一面把全神注在那位小辫将军身上，见他那汤匙过来的时候，立刻向我自己两条腿下一道戒严令，命他在桌下极小范围内，左右趋避，饶这么着，还是在里襟上闹了一枝小小梅花才罢。

这一顿酒，一总有八只炒，八只大碗，两色点心，四只荤盆，十二只果碟，吃的时间，自上席至散席，不多不少，恰好是三小时又四十六分五十二秒，然而我可以立得誓，实在没有吃饱，不晓得别人怎样。

散席之后，我那几位同事，还要留着打牌，我说我是实在不能再奉陪了，一口气跑到家里，天色刚刚微明，家里的人都等得不耐烦睡了，我只得自己跑到厨房里烧些热水洗了脸，又泡了一大碗稀饭，吃了，才算草草完事。

明天起来，只觉得两腿酸得发痛，一步一颠地蹶出门去。隔壁那位房东老奶奶瞧着，笑道："顾先生，你那腿别也是因昨晚吃喜酒回来，路上吹了风吧？"

原载《小说世界》1924 年第 5 卷第 2 期

上海的茶楼

郁达夫

茶，当然是中国的产品。《尔雅》释"槚"为"苦茶"，早采为茶，晚采为茗。《茶经》分门别类，一曰茶，二曰槚，三曰蔎，四曰茗，五曰荈。《神农食经》，说茗茶宜久服，令人有功悦志。华佗《食论》，也说"苦茶久食，益意思"。因此中国人，差不多人人爱吃茶，天天要吃茶；柴米油盐酱醋茶，至将茶列入了开门七件事之一，为每人每日所不能缺的东西。

外国人的茶，最初当然也系由中国输入的奢侈品，所谓梯、泰（Tea，The）等音，说不定还是闽粤一带土人呼茶的字眼。

日记大家 Pepys 头一次吃到茶的时候，还娓娓说到它的滋味性质，大书特书，记在他那部可宝贵的日记里。外国人尚且推崇得如此，也难怪在出产地的中国，遍地都是卢仝、陆羽的信徒了。

茶店的始祖，不知是哪个人，但古时集社，想来总也少不了茶茗的供设；风传到了晋代，嗜茶者愈多，该是茶楼酒馆的极盛时期。以后一直下来，大约世界越乱，国民经济越不充裕的时候，茶馆店的生意也一定越好。何以见得？因为价廉物美，只消几个钱，就可以在茶楼住半日，见到许多友人，发些牢骚，谈些闲天的缘故。

上面所说的，是关于茶及茶楼的一般的话；上海的茶楼，情形却有点儿不同，这原也像人口过多、五方杂处的大都会中常有的现象，不过在上海，这一种畸形的发达更要使人觉得奇怪而已。

上海的水陆码头、交通要道，以及人口密聚的地方的茶楼，顾客大抵是帮里的人。上茶馆里去解决的事情，第一是是非的公断，即所谓吃讲茶；第二是拐带的商量，女人的跟人逃走，大半是借茶楼为出发地的；第三，总是一般好事的人去消磨时间。所以上海的茶楼，若没有这一批人的支持，

清末上海丹桂茶园

营业是维持不下去的，而全上海的茶楼总数之中，以专营这一种营业的茶店居五分之四；其余的一分，像城隍庙里的几家，像小菜场附近的有些，总是名副其实，供人以饮料的茶店。

譬如有某先生的一批徒弟，在某处做了一宗生意，其后更有某先生的同辈的徒弟们出来干涉了，或想分一点肥，或是牺牲者请出来的调人，或者竟系在当场因两不接头而起冲突的诸事件发生之后，大家要开谈判了，就约定时间，约定伙伴，一家上茶馆里去。这时候，聚集的人，自然是愈多愈好，文讲讲不下来，改日也许再去武讲的；比他们长一辈的先生们，当然要等到最后不能解决的时候，才来上场。这些帮里的人，也有着便衣的巡捕，也有穿私服的暗探，上面没有公事下来，或牺牲者未进呈子之先，他们当然都是那一票生意经的股东。这是吃讲茶的一般情形，结果大抵由理屈者方面惠茶钞，也许更上饭馆子去吃一次饭都说不定。至于赎票、私奔，或拐带等事情的谈判，表面上的当事人人数自然还要减少，但周围上下，目光炯炯，侧耳探头，装作毫不相干的神气，或坐或立地埋伏在四面的人，为数却也绝不会少，不过紧急事情不发生，他们就可以不必出来罢了。从前的日升楼，现在的一乐天、仝羽居、四海升平楼等大茶馆，家家虽则都有禁吃讲茶的牌子挂在那里，但实际上顾客要吃起讲茶来，你又哪里禁止得他们住。

除了这一批有正经任务的短帮茶客之外，日日于一定的时间来一定的地方作顾客的，才是真正的卢仝、陆羽们。他们大抵是既有闲又有钱的上海中产的住民，吃过午饭，或者早晨一早，他们的双脚，自然走熟的地方走。看报也在那里，吃点点心，也在那里，与日日见面的几个熟人谈《推背图》的实现，说东洋人打仗，报告邻右一家小户人家的公鸡的生蛋也就在那里。

上海茶楼中的茶客，刊载于《良友》1935年第112期

物以类聚，地藉人传，像在跑马厅的附近，城隍庙的境内的许多茶店，多半是或系弄古玩，或系养鸟儿，或者也有专喜欢听说书的专家茶客的集会之所。像湖心亭、春风得意

楼等处，虽则并无专门的副作用留存着在，可是有时候，却也会集茶客的大成，或坐得济济一堂，把各色有专门嗜好的茶人尽吸在一处的。至如有女招待的吃茶处，以及游戏场的露天茶棚之类，内容不同，顾客的性质与种类自然又各别了。

上海的茶店业，既然发达到了如此的极盛，自然，随茶店而起的副业，也要必然地滋生出来。第一，卖烧饼、油包，以及小吃品的摊贩，当然是等于眉毛之于眼睛一样，一定是家家茶店门口或近处都有的；第二，是卖假古董小玩意的商人了，你只教在热闹市场里的茶楼坐他一两个钟头，像这一种小商人起码可以遇到十人以上；第三，是算命、测字、看相的人；第四，这总算是最新的一种营业者，而书目却也最

清末南京路上的全安茶楼

多，就是航空奖券的推销者。至如卖小报、拾香烟蒂头，以及糖果香烟的叫卖人等，都是这一游戏场中所共有的附属物，还算不上上海茶楼的一种特点。

还有茶楼的夜市，也是上海地方最著名的一种色彩。小时候在乡下，每听见去过上海的人，谈到四马路青莲阁、四海升平楼的人肉市场，同在听天方夜谭一样，往往不能够相信。现在因国民经济破产，人口集中都市的结果，这一种肉阵的排列和拉撕的悲喜剧，都不必限于茶楼，也不必限于四马路一角才看得见了，所以不谈。

原载《良友》1935 年第 112 期

上海的声音

内山完造

虽说是盛夏，八月的上海的黎明是凉快的。

东方还没有白的时候，到市场去的卖野菜的，就齐着"唉喝唉喝"的勇敢的声音，成为行列地通了过去。不一会儿，麻雀唱歌蝉儿鸣叫，发刺的朝晨到来了，就从远方听见"方糕……白糖糕……"的声音。并不十分干净的男子，在胸膛上从肩头吊下一只一尺见方的三格的木箱。龌龊的木箱里，米粉做的甜味的方形的，白色茶色的，柔软的点心，并列在布巾上面。是颇有风味的上品的好吃的东西，一块是三个铜板，若吃了四块模样，足够代替朝上的面包了。就在中国人之间，仍是高级的点心，是先生、老板他们的食物。

电车公共汽车的车站上聚集着到银行公司去办公的人们的那时候，"卖报……《申报》……《时报》……《新闻报》……"报贩快步地在人缝里钻走。办公时间过去了，时计是十时，十一时不客气地进行着。太阳渐渐加了热，鞋印在沥青路上踏得一蹋胡涂。把裤子卷到大腿的赤裸的两个孩子，从两方拉紧了一个大蒲包，沉重地提着，"冰哦冰哦……卖冰哦……冰哦冰哦……卖冰哦……"的急口交换着叫喊。这是走着卖天然冰，所以顾客是劳动者，孩子们。

要是在日本卖金鱼的"金鱼……唉！金鱼……唉！"使人听着无论如何像打瞌睡的声音的时候，在上海则以勇敢的高呼："冷面！"用花生油浇在日本看不到的开水煮过的面（即日本的细"餛饨"）上。加上酱油、醋、辣椒油等，无汤的冷吃的"餛饨"，味道实在是"好！好！顶好！"。若是在东京一带，黑漆的食物箱等里面，正中央满满地堆着，以上述的种种的药味，配成复杂的味道，卖了出去，我想一定保证得到江户子（即东京人）的好评吧。

还有一种，就是豆腐花的来了。在桶中做有 Kinukoshi 豆腐那种软的豆腐。用豆腐的勺子薄薄的掬起来，放在钵头里，少少加点煮干酱油的汁。在这里面也加点少量的四川名物的榨菜（京都名物叫酸茎菜那样的野菜，用盐和辣椒渍过的东西）的菜屑与干虾，再浇点辣子。这也是颇清淡味的食物。我很爱吃的。

到了下午四点钟渐渐单影出来了，有时甚至凉风徐徐吹来，从"《南方夜报》……《夜报》……《大晚夜报》……"二三人嘴里说着，来卖夜报了。与"夜报！夜报！"之声相混，听到"He——Otareta"这样的声音。想着是什么呢，真有妙的贩卖声，本人现了出来。

什么呢？ Kueo——rodoeta——n 即桂花绿豆汤也。

突然听起来是优美的音律的呼声：

"Badannri！ shintuo！"

这呼声实在有种种，是白糖莲心粥，有人模仿梅兰芳的声色，别人用尚小云的声色，用着俳优的声色，在以文字有点不能表现的肉声之中有种种有趣的音节。

一到夕闇渐渐将这些热闹的贩卖声向远方追去的时候，Karankarankarankarankaaan 的在铁锅里放着银杏，用石决明的贝煎着。银杏"求求"的老是吹着水。有时发出"普斯，扑斯"的声音。"烫手来热白果！一个铜板卖三个！两个铜板卖七个！"这个呼声也很有趣味，寓律非常好。Garangarangaran 的煎着。这白果（银杏）的贩卖声变得幽微的当儿，恰好是各店家也熄电灯，关门的时候。街上只有路灯的光照着了。

原载《文艺》1939 年第 3 卷第 3/4 期

素餐

张亦庵

　　前些时，到一所庙宇去吊一位朋友的太太的丧，扰了一顿素菜。同席的一位朋友说："假如永远吃的这样的素菜，就做一辈子的和尚也不成什么问题了。"这可见得吃素也颇有可人之处。可是我们那天吃的那一席素菜，据另一位朋友的估计，似非四五百元不办。所以又一个说了："像这样的素菜，比之我们家常的荤腥高明得多了。"

　　吃素，古人称作吃斋。《论语·乡党》记孔子"齐必变食"。所谓"齐"，就是"斋"，广东方言与古为近，至今也称吃斋，而不称吃素。上海的所谓罗汉斋，粤人亦称作罗汉斋。不过孔子时代所谓斋，只是"变食"，变食就是改变平时习惯饮食的东西，例如日常惯食猪肉的，吃斋时便改吃鱼虾之类，恐怕不一定要改为植物类的菜蔬豆腐吧。

　　佛教流传到中国，吃素才另有了一个意义。到了近代，科学观念给予我们的影响，使我们对于吃素又多了一重卫生的意义。古代的吃斋，大概是表示生活上的虔敬，像换过一身衣裳去见客一样的意义。至于佛教徒的吃素，就含有果报、轮回、戒杀等信念在里头。他们怕到碗内的猪肉或许就是自己的一个什么亲友投胎所变成。

另一种人的茹素，并无宗教或迷信的观念，只是出于一种不忍之心，而且觉得不杀生物就是人类相互间残杀的一种杜渐防微的作用：虫豸禽兽之微，尚且不忍杀害，又何至于忍心杀人呢？

卫生家则完全站在养生的立场，以为肉类含有毒质，不若植物的营养优良而易于消化。关于宗教家的轮回之说，不必置辩。关于防微杜渐防止人类杀机的说法是可取的，不过佛教发源的国家，似乎有点不振作，他固然不会有侵略人家的野心，但是人家侵略他的时候，他也无可如何。这是否吃素的结果，不可得而知，但是牛羊总比不上狮虎却是事实。

至于人类不吃生物，生物是否也会不相吃呢？要是世界上的人类和一切生物全改为素食者，那末人类以外生物繁殖起来的数量，该是如何的可惊啊！

卫生家虽然有一部分主张素食，但是一般的医学者却叫我们吃鱼吃肉以求营养，肉类和植物类的食料要支配得宜。纯粹的植物性食品只适宜于消化力薄弱的人，如老年人之类，但是仍然要鸡蛋牛奶鱼肝油之类作为辅助。正常的人，身体亏损了的人，方在发育的人，肉食是少不得的。

不忍杀生者的居心是可佩的，宗教家的虔诚戒惧的态度是可敬的，卫生家的慎于饮食也是可敬的，即以口腹而论，素菜而烹调得法，也是很好吃的。

在上海吃素菜，除了几家有名的寺宇外，都由专门的菜馆经营，普通的菜馆虽然也做得出罗汉素之类的几色素菜，但那只可当作兼职或客串。有宗教性的人是不会到那些地方吃的。

历史最老的素菜馆怕要推到城隍庙前的隆顺馆，豫园里的松月楼也有几十年了。相传隆顺馆曾经前清的乾隆皇帝光临过，确否无可考，但也没有人提出过反证。城里这两家较有历史的素菜馆自从事变以后便一直停顿至今，因为冷落的市面，无论如何支持不住他们的营业。

其余在租界上开设的有功德林、觉园。

素菜里运用变化得最多的原料是豆腐店的产物和面筋。他们会把这些简单的原料做出几十种名色形状不同的菜馔。不过在味觉上不会有很大的差别。烹制素菜的最大技巧是能把素菜来模拟荤菜的种种，如咖喱鸡、红烧鲍翅、煎猪扒、烧鸭、白鸡、炸板鱼等，若单用视觉看上去时，惟妙惟肖，等到入口，才分辨得出是银样镴枪头。吃素者既然主张戒杀，何以偏要摹仿荤菜的名色？

大量的油是烹制素菜所不可少的，现在油价贵到如此程度，可见素菜亦不易为也。

原载《新都周刊》1943 年第 18 期

茶居话旧

张亦庵

　　若在别处地方，喝茶只限于喝茶而已，即使有什么果点，如瓜子、干丝之类，其性质只是佐茶之品，其地位只是居于点缀，主要者仍然是茶。可是粤人之"饮茶"，即以吃点心为主。若茶馆无点心，或有点心而不精美，则这一家茶馆渐渐不能成立于广东人之间。是以从无入茶馆而净饮不吃点心的。茶馆之所望于顾客者，亦不欢迎其单纯地喝茶。近年上海有几家广式茶馆在店堂上标明"净饮加倍"也是有鉴于此的吧。因此，广式茶馆无不致力于点心的制作。

　　粤语凡对于液体的饮品都称为饮，不叫做吃，也不叫做喝。唯有服中医的汤药则称为"吃茶"，是以一说到"吃茶"，所指的就是吃汤药之谓也。

　　广式茶馆之最旧者称茶居，新式的称茶室，亦有附属于酒楼的，其风格之新旧不一。近日上海粤菜酒楼附设的茶座，大都力求新颖，极尽豪华侈丽之致。

　　茶居与茶室之时代不同，大概是以辛亥革命为其划时代的界线。因为所有茶室几乎都是辛亥后才有的；辛亥以前，我们所知的，只有茶居，而没有茶室。

　　自从茶室勃兴以后，茶居倒也并没有一时给淘汰了，二者并存了很长久的一个时期，就同电影与话剧兴起之后，并没有把京戏打倒了；又像语体文兴行之后，文言文的应用仍然占有一部分的势力。

爱新的人自然不少，恋旧的人也很多。许多人会觉得新式的茶室不及旧式的茶居够味，所以茶室生意兴隆的同时，茶居的生意也不寂寞。

经过了一个长久的时期，直到最近的几年间，在上海的纯粹旧式的茶居，才逐一给淘汰或革新了。茶居几乎成为历史的陈迹，而对于茶居有恋旧之情的人却不胜其感慨系之呢。

在这茶点业除旧布新的时期，旧式的茶居应该做一个历史上的结束，让我把自己对于旧式茶居所知的一切，述说一二。

茶居与茶室有一个不同之点，就是原始时候的茶居是没有女侍的。当然，在那个时代，女子职业尚未普遍，而公共场所的男女界限又分别得很严，茶居里的女侍是无从产生的，即使是女茶客也绝无仅有。辛亥以后，风气大开，茶居业虽然恪于向来的习惯，没有招用女侍，可是他们却创立了"唱女伶"的办法为号召。

所谓唱女伶者，在茶座之前设歌坛，每日定时有女伶歌唱，笙歌弦管，嗷嘈满座。所谓女伶，不一定是登台唱戏的坤伶，有许多只是专走茶居卖唱的，仿佛今日的歌星，不过她们唱的是旧式戏曲，因为当时尚没有所谓流行歌曲的产生，

上海茶室小景，刊载于《中华》1938年第69期

电影歌曲更没有。有好几个女伶是以茶楼卖唱而成名的，如月儿、燕燕、徐柳仙、小明星、张玉京、妙生、宝宝、黄佩英等都是以歌唱的技艺风靡一时的，而且大都是货真价实的凭其技术而成名，而并不因为"年轻貌美"。现在，她们有些已经是徐娘老去了，可是仍然有许多人对她们歌唱的技艺十分钦佩、眷恋。

　　唱女伶之风，曾盛行于广州及香港，上海的广式茶居至今没有盛行过。只有现在新都饭店的茶座里有近似的歌唱演出，而一新一旧，风味究有其不同之处，这是由于时代的限制使然的。

上文说过，有一部分茶馆附设于酒楼，如今日之新都、康乐、大东、南国等都是。旧式的茶居，不论在港在粤在上海，有一部分也是附设于酒楼的，如从前上海的会元楼、翠乐居、粤商等，统其名称为粤菜茶点业。不过以我所知，最初始的茶居普不附设于酒菜馆，而附设于饼店的楼上。

饼店在广东，也算是一种规模宏大的门市营业。它们的生意，以承接人家婚嫁时的礼饼为大宗。广东旧俗，女子出嫁，则向男家索要各种果饼以为聘礼，其数目动辄数千枚，富有者或以万计。女家得此，拿来别赠亲友，作为"有女子归"的通知，所赠越多而丰，则女家越自觉得其场面之光荣，赠而未尽的果饼，数目不多，则留下来自己享用，如果余数太多，亦可折钱退还饼店。所折之钱，当然也由女家得之。这种婚制，虽不以金钱论，而实际上亦无异买卖。果饼之外，另有整只的烧猪若干，金银首饰若干，礼金现款若干。近日婚姻由家庭做主，而家庭之见解不免旧日习者，仍然斤斤于这种礼物的要约。富有之家，固然不会将这放在心上，但是中下人家，往往因为娶一房媳妇而负上一身好几年都还不清的债务。在这种风习之下而最能坐收渔人之利的，饼店算是其一。饼店之产生，也是适应这种需要的。

记得在我幼年时代，在广州城内外，较为繁盛的所在，无不开设有这种饼店。店面装修得金碧辉煌，玻璃柜里陈列着色泽鲜明的糕饼，市招写的是"龙凤礼饼""蜜饯糖果"。

店堂的中央就是一座阔大楼梯，正对着门口，由这楼梯上去就是茶座了。所以，从前称上茶居叫"上高楼"。

在上海，以前也有过这样的附设于饼店的茶居，它们的店号是利男居、上林春、群芳居、同安、怡珍。前三者是开设在虹口的，后二者则开设在五马路棋盘街口。至今仍然存在的，只有利男居，店址迁过了，在浙江路、南京路之北，营业制度也变革过了，原来附设的茶居似乎也不存在了。这本来是一家在上海牌子挺老的茶居呢。其余几家，已经消灭得踪影全无了。

现在卖饼类、糖食而兼营茶楼的，在上海有一家以陈皮梅之类发迹的冠生园，不过一切都成了新式的，而绝非茶居时代的风味了。

平心而论，以旧日茶居的一切制度来比今日最新型的茶楼，则旧日茶居可取之处实在甚少。其唯一使茶客觉得便利之处就是一切都随便。不论来客的衣冠服饰是怎样华贵或褴褛，他们都给予你同样的看待，你不能说他们冷淡，也谈不上殷勤。他们不希冀你的小账，而习惯上也没有给小账的，连加一的数目也没有，一是一，二是二，你喝了多少盅茶，吃了多少点心，就给多少钱。你在茶居里面，可以不拘形迹，可以箕踞而坐，可以袒裼裸裎，可以高声谈笑，可以随意倾倒茶脚，可以随处丢掷烟头，可以与素不相识的其他茶客拼坐一张桌子，可以自己走上去领取点心，可以自己拿水壶来冲水。

许多恋恋于旧式茶居的人就是喜欢它们这些。

茶居里的茶博士称为"企堂",这是他们职务上的名称,当面招呼他们的时候,却不能用这两个字。他们对于招待客人的态度是不会有殷勤的表示的,甚至于有点偃蹇兀傲。他们身上没有穿规定的制服,只是一身极其随便的短打。在夏天时,他们可以随便袒胸跣足,或者脚上拖一双木屐,嘴唇半黏半咬着一支自己手卷的"针嘜"卷烟。他们大有暂时不得意而陷于"企堂"的神态。他们不需要什么特殊的训练,如果有所训练的话,就不外下列几种:提得起水壶冲水而不至于泻溢;记得清客人所要的什么东西;心算要灵快而准确;报账要响亮而清楚。此外对于仪容、礼貌、应对、进退等是全不讲究的。

茶居里的企堂们有他们的一套术语,例如报账时把七字称为"礼拜",把五字称为"揸住",立刻称作"马前",暂时停住称作"拖住"。大人领着小孩子来饮茶,多要一只杯子,称为"带底"。

饮茶虽然以点心为重,但是茶居里所备的茶色却相当的多。最名贵的大概要算铁罗汉和铁观音,价倍于他茶。其他的茶就是龙井、乌龙、祁门、六安、普洱、菊花、水仙、香片等普通货色。此外还有一种叫做"源吉林"的,那是一些草头药配成的药茶而不是茶叶,据说有消食、发表调整肠胃之功。其味苦涩,不大可口,然而也竟然有人上茶居喝这种茶的。"源吉林"是制造这茶的店号，与所谓"王老吉"者相类。

又有人喜欢喝双拼茶，即是一盅里放置两种不同的茶叶，两种中之一又必定是菊花，取其清凉去热。例如菊花与龙井配合，称为"菊井"；菊花与红茶配合，称为"菊红"；菊花与水仙，称为"菊仙"。

照茶居旧例是不用茶壶的，用茶壶泡茶是后来的事。以前一般都用盖碗，粤人叫做"焗盅"。较高贵的堂坐，除盅上有盖之外，盅下更承以"茶船"。至于用玻璃杯而外笼以金属的罩架，那是最近代式的办法了。

从前物价便宜，茶居里的点心，不问咸甜荤素，价钱一律的。在我记忆里最初的点心价钱每碟似乎是一分八厘（第一个铜元作六厘计，一分八厘即是三个铜元，而实际上那个时候铜元还未开始通行，平常通用的还是制钱），后来增至二分四厘，即是增高了一个铜元，后来又增至三分六厘。所有的点心，大概可分为如下的几类：第一类是普遍而为家家例有的，如叉烧包、虾饺、烧卖之类。第二类是应时的，如端午节前后的粽子，中秋前后有月饼，辣椒当令的季节有辣椒烧卖。第三类是各家独特的专长制品而为别家所没有或不及的，这一家茶居的生意便往往靠这一两色的点心为号召，而制作这一两色点心的技师实有操这家茶居生意生死的大权，不可轻视。第四类是糖果蜜饯和普通制备的糕饼，长期安放在桌上的，与那新鲜滚热出笼的热点心不同。这一类东西，光顾的人很少，除非是一时吃不着新鲜出笼的点心，或者过了新鲜点心的时限，才饥不择食吃它充数，否则那一类点心只好当作陈列品陈列着。因为那种点心长时间搁置在桌上，既不一定新鲜，又有积纳尘埃之嫌，所以就不大有人领教。第五类是汤炒的面类、馄饨、水饺等。瓜子是绝对没有的。现在上海有几家广式茶馆的桌上备着一碟南瓜子，那是模仿上海茶馆的作风而投合本地茶客的需要，是海派而非广派了。

汤炒之类的东西是真要充饥的茶客才会吃。

最普遍销行的是第一至第三类的点心。经济的茶客，大抵一盅茶，一碟点心，便已满足他的需要。

照茶居旧例是不用茶壶的，用茶壶泡茶是后来的事。为了要吃茶或吃点心，只是为了他们已有了上茶居的习惯，每天到了那个时候非到茶居里坐上一会儿不得舒服。只要坐这么很短促的一会儿，十分钟也好，二十分钟也好，便心安理得去干他的正经事了。既然在茶居坐下去，就非泡茶不可，点心也非至少用上一碟不可，这叫做"坐茶监"。监者，监狱也，但是他们以坐茶监为人生一乐。一盅茶、一碟点心，这种吃法有个专门的术语，叫做"一盅两件"，是个标准的经济吃法。"坐茶监""一盅两件"的风味，非此中人不能领略。

在广东，有好些人一天要上三四次茶居，恬不为怪，尤其是劳动阶级最多这样的习惯。有人指责以为这是不良的社会现象，既费钱，又伤财。但是在民众娱乐、民众消遣没有设施的社会，这种现象是自然会产生的，比之在赌场烟窟流连忘返的，已经算等而上之了。

原载《新都周刊》1943年第22期

坐茶监

食在上海

许钦文

　　在上海，无论衣食住行，都可以说是便当的。穿得漂亮，吃得丰富，住得高大，电车汽车，往来得迅速。不过，同时在另一方面，也穿得褴褛，吃得简陋，住得肮脏，拥拥挤挤，行路为难的。从十八岁起开始漂泊的我，虽然上海，不曾有过连接半年以上的居住，可是屡次经过，多方面的走到，各阶层的生活情形都有些印象。抗战以来，十年之间，只于去夏回来时经过，停留一个晚上，许多印象经久以后淡漠模糊了，关于食的却有几点仍然很清楚。由于交通的便利，生意发达，货物不难从各处运来，多中取利，可以减轻买主的负担，普通的食物，上海没有很贵的。到处有茶馆，可以冲到茶水，到处有面店粥店，随时可以进去吃一碗。这于流浪者很便当，也是使得我避难内地，每到一处，临时不能解决饮食时所深切想着的。

　　提到上海的饮食，我总要联想到亡友元庆。当初他在报馆里工作，寓在一间放楼梯的暗室里。我在浦镇教书，暑假和他同寓。我们知道炒虾仁在上海很普通，可口，并不很贵，香粳米饭也不错。可是我们的收入不足以语此。每到傍晚，我踱到平望街去等他，看他从高大的洋房里出来，一道回到矮小的暗室里。我们没有包饭，每餐临时解决。照例经过许多菜馆都不回顾，连面店也不敢进去，总是在粥店里共进晚餐，吃粥的地方大概在低低的楼上，一进去就觉得热烘烘。等到吞下两碗稀饭赶快出来，衣服贴住皮肉，总是做了搭毛小鸡。后来他在立达学园教书，我已出了好几本书，我们都已为有些人所熟识。我从北平南回，一同被请吃饭，炒虾仁可以大嚼了。记得有一次，在北四川路的闽菜馆里，二十四元的一桌菜。全鸡全鸭，还有整只的烤乳猪，吃得亦醉亦饱。我和元庆都有些负担，下一餐，仍然只买几个烧饼一边吃一边走，一道走到江边去。住在上海的人大概忽忙，招待客人总只一餐，我们常常在这样的情境中。

无论是往来海门台州，或者天津北平，在将上轮船或者下运船的时候，我们总要上菜馆去吃一餐，因为在船上，一有风浪我就吃不下饭，所叫的菜，大概是炒虾仁和咸菜肉丝汤之类，对于这种菜并没有又且的味感，觉得原是这样的，信口嚼着，知道我们还在上海，或者确已到了上海。不大咸，也不淡，上海菜就是这样的上海菜，无论什么闽菜馆、川菜馆，式样尽管不同，味道总是差不多，同真在福建四川菜馆里所煮炒的，味道差得很多了。就是天津包子，其味也是淡薄。正如人，从各地方来，住在上海不久，总就染上了点洋场气。在上海，以地名菜的虽然很多，却很少保持着本色的。

在上海的闲老虽然也很讲究吃食的，可是一般在上海的人，对于吃食，大概并不多花时间，不像内地的许多人家，一天到晚无非忙于三餐。反正来得便当，在上海的人，等到肚子已饿，或者到午到晚了，再打算怎么吃也不迟。以前在川南游玩，每到场上找着炒菜馆吃酱刨肉，所谓味大，是又咸又辣的。菜馆里总是先泡得茶来请你喝，再向对面或者隔壁的猪肉店大声呼喊"割半斤肉来！"然后慢慢地切好下锅。虽然可口，但如不是趁着轿夫息脚之便，将要等得不耐烦。我在杭州爱以点心当饭吃，汤面、馄饨和汤圆，照例一餐吃三样，同时叫好，慢慢地来一样吃一样，虽在冬季，不会冷却。在上海连吃两三碗排骨面当一餐饭，却是吃了一碗再叫一碗的，因为来得快，无须等候。鲁迅先生住在北四川路一带的时候，有一次我去时正是吃饭的时候，就一道吃便饭。据说菜是包月的，每天送去，鱼和猪肉都配上一点，已弄干净，自己煎炒就是。每天不同，也是便当的一点。总之人多，可有人专门理值，因之一般人可以少花时间于吃食，这可以说是上海现代化的地方了。一个人在上海吃饭的时候，我常常搭着电车特地赶到一家俄国的西菜馆里去。那是专给下人吃的粗菜，只是一盆汤，就大量的吃不完。还有大块的牛肉。我知道，如果长期住在上海，我也是吃不下的，因为少有劳动的机会。除非是专用体力的，在上海的一般人都吃不多。去夏在旅馆里，妻见到两个茶房在品吃一个腌鸭蛋配一餐饭，觉得奇怪。虽然这也是战后生活困难的一种现象。可是比较起来还算是好的。像四川的轿夫，所谓饭菜，只是在辣酱碟子里润一润筷头罢了。因为吃得不多，一个腌鸭蛋也是勉强够用的。经过两餐内时间，我们一家五口都没有吃饭，只是买得面包馒头等物来吃，因为可吃的东西多，把点心当作饭吃，本是在上海的普通办法。

原载《自由谈》1947年第1卷第4/5期

饕餮男女之家

SS

有一次，一个多年不见面的老朋友从远方来拜望我。

他一走进我们小小的木屋就闹笑话了，虽然他并不是一个缺少识见的人，但是他赌咒，他可从来没有看见过像我们所有的食物柜，餐桌和厨房的丰盛的贮藏和陈设。他看了我们这个小家庭中的所有，感慨地说："我真没有想到，像你们这种世代书香的人家，也会改行的。"

"你是说我的太太？"我说，"是的，她是最近才从中国银行调到中央银行去的，严格地说，你说她改'行'我也不反对。"

"不，我是说你。"

"我？十年前我在××学校，这是你知道的，十年之后，现在我还是在××学校。非但没有改行，就是小小的升迁也没有，而且，我不想改行，我从来没有发生过这种念头……那么，你也许是说将来吧，有没有好差事？譬如说，像税收局和田赋粮食管理处那样的肥缺。"

"你胡说八道，我是说你，说现在，说此地……我指的是这间屋子给我的印象！"

"屋子？哦，它漏了，地板不平，上下都潮湿，但是这不妨事的，并不算太破旧。"我给他弄得完全莫名其妙，只好随口胡说，"再不然，就是你嫌我们的屋子太小或者是我们愈变愈穷了，但是我们的墙壁里还有条子和黑土，你别瞧不起人。"

"哈，你真会胡闹，我问问你，你们是什么时候开起酒吧间来的？"

"见你的鬼！你是坐在我们的客厅里，S 先生的公馆，××路，第一百九十×弄，第五十五号……你在哪儿看见开酒吧间的？在成都？"

"现在，现在，现在！"他也大声地说，"现在，这里。——喏喏，你自己看看，柜子里是什么？全是酒，冒牌的白兰地、威士忌，美国水兵剩下来的红酒和香槟，也许早已走气的太阳啤酒，意大利教堂秘制的葡萄酒，来路不明的汾酒，兑水的绵竹大曲，绍兴花雕……还有冷菜，冰冻贝介，咸蟹熏鱼，松花芦笋，鸭肫卤肉……怎么，全是自己吃的？"

"这是你误会的原因吗？"

"但是，东西太多了呀？哪里是糕饼和糖食，妈的，这些中国点心西洋点心就够开一家冠生园！还有这一大罐又是什么？嘿，蜜枣，瓜子，自己做的？……这里还有着呢，陈皮梅，橄榄，苹果，蜜橘……全是吃的？"

"自然，我们这样吃了好几年了。"

"可是还有，这墙上挂的这些野味，火腿，腊肉……这

海上食事

439

一大堆是什么玩意儿？——肉皮。也是吃的？"

"吃的，吃的，全是自己吃的！"我不耐烦地说，"你真是少见多怪，你也是一样要吃的呀，我们不过比你吃得多一点，如此而已。"

"胃口真好。你的太太呢，她不限制你这种无法无天的享受吗？——你们是什么时候结婚的？"

"我正想对她加以限制呢，她比我会吃得多。——我们是抗战第三年才结婚的，那时候，她比现在要好些，爱吃，但是吃得不多。"

"那么，你们是终年开着这样的'食物展览会'的吗？囤积了这么许多，不怕坏了？"

"我们有两张嘴呢，东西从来没有坏过。"我有点骄傲地说，"先生，你再去参观参观我们的小厨房吧，我们的酒吧间货色还多着。"

自然，这位客人没有放弃他的参观这个奇异的展览会的机会，他像梦游奇境那样的游历了我们的小小的灶披间，又看了我们一只"空气流通"的冷藏箱，又检阅了我们的餐桌上的全副仪仗队：刀叉碗筷，杯盘壶盏，糖果碟，作料器……终于他一一动用它们，享受了大部分的"展品"。

他离开我们的时候，精神是很愉快的，不断地打着饱嗝，与我们作别，但是他回到自己家里，就躺下了，他足足害了三个礼拜的消化不良症。

我和我的太太胃口，比他的要好得多。我们平日每天都起得很早（起得早也无非是争取时间，想多吃一点东西，并不是学"养生"的人清早起来散步，打太极拳），不论刮风下雨，我们都在六点钟以前离开讨厌的床铺，漱过口，马上用"非正式的"早点，有时是冲鸡蛋，有时是冲牛奶，有时，则冲上海制造的"西湖藕粉"。同时，每个人定量的吃十片至十五片饼干和两只我们自己"家制"的蛋糕。

　　然后我们开始洗脸，穿衣，穿鞋，梳头，刮脸，再纽上浑身上下二三十个大大小小的扣子……这样，经过两个半钟头，肚子已经发出"咕噜咕噜"的快乐的声音了，其间即使并非完全空洞无物，但有用的东西确已不多。于是，正式的早餐开始：每个人两碗粥之外，筷子照例要像一个负责任的"巡按吏"似的，访问过所有的酱菜卤味，第二次"定量配给"的东西是生煎包子，或是白面馒头，我的太太吃七只，我吃三只。

　　两个都是"奉公守法"的人，我的太太每天按时去上班办公，而我，也从来不在学校里早退迟到（只有做"纪念周"是例外，所以每逢星期一，我们都要在家里多吃一碗稀饭）。九点钟一响，我们就离开我们餐桌出门去了，太太带着她爱吃的奶油牛轧、巧克力，或是松子糖；我则每天都要装半口袋的花生米或玫瑰瓜子才上路。但是我们身为公教人员，理应该奉行"新生活运动"，虽带零食，也很少在途中沿街大嚼。

譬如说我吧，每天带点小吃到学校里去，完全是为了课余之暇，排遣嘴部活动中止时的空虚，如此而已。

不等到中午，两个分隔在"天涯海角"的人，都想起了我们的家——严格地说，应该说成"想起了我们的食柜，餐桌，和随时都在散发着食物香味的炉灶"。我们坐在办公桌上想象着：我们两个人中的另一个，已经下班了，他已经奔丧那样的赶着回家，他已经切好红色的火腿，炒好黄色的鸡蛋，调匀乳白的奶油和绿色的菜……飘缈的香味，像无声的潮水，从办公室的一张一张的窗子冲激进来，这情景，是令人难以忍受的，所以，人比如箭的"归心"还要急，还要快，我们不期而然的，以尽量迅速的脚步，一同赶到家里，张罗酒浆，烹饪菜肴，接着，我们迫不及待地抢到餐桌上，比赛似的或者说是抢救被围的危城，堵塞黄汛的缺口似的，吃着我们肚子所需要的东西，一直装到它拒绝容纳的时候为止。

午后的空闲，往往比午前要多，因此家里带出来的"干粮"，也消耗得很快。这时我们就不得不动用"私有财产了"，或者，在同事和亲友处借贷若干，在附近街上用"午后茶"。星期日的午茶是在家里举行的，知道我们"家境"的朋友，不必邀请，他们按时莅止，也从不落空。这一顿午茶之丰盛，往往教胃纳过小的来宾，忘记晚餐的时刻。

但是严格地说，我们真正的享受，不在白天，而在天黑以后。

黄昏的阴暗的手指，来叩动我的破碎了好几个月的玻璃窗时，时计也报告了晚餐的喜讯，我们拖着一身饥饿与疲劳，回到充满着复杂的香味的小木屋里。

　　白昼的消逝，好像是老人生命殆尽的暮年，我们感到奔波一生，非常空虚。而且，终生辛苦的代价是什么呢？——每个人的可悲的结局都相同：一个干瘪的肚子，如此而已。

　　我们有点哀怨，也有点忿懑；人是为饮食而生的，但是短促的生命，限制着我们享受的自由（罗斯福总统竟没有将这一项"人身自由"列入他所标榜的"四大自由"之中，使我抱憾至今），我们在匆忙的几十年间，到底能吃去这个世界上的多少东西呢？

　　我们的牢骚，范围也小，在餐桌上，从不涉及国家大事，也不谈败胃的物价，而且时间短暂，决不像时贤们开座谈会，一谈就饮食俱废的谈上大半天，一杯在手，陶然忘机，巨盘长筷，"肉在其中"，面对着浮华的芙蓉炒蛋，含羞的香芹醉虾，典雅的苏式烙鱼，缟素的青菜豆腐………以及其他的五花八门，五颜十色的可口的食物，我们好像希腊神话中的达娜爱吸收着黄金雨，专心一志地取用上帝的赏赐（在这片刻中，我们才体会到生命的真实与悠久，也感觉到生活的满足）。

　　但是，你别以为，这是我们的"最后的晚餐"，我们正常的生活中，照例在夜里就寝以前，还有一次夜茶，我的太太爱刺激，老是吃着浓浓的咖啡，而我则听从医药顾问的劝告，适量地饮酒，不再用其他有刺激性的饮料，晚上也止喝一点酸酸的柠檬茶，白糖放得很少很少。

我的太太是一个"甜蜜的女人"，平日糖吃得多不说，就是躺到枕上，也还得嘴里含着一种很甜很甜的，叫做"保得美梦"的药片才能睡觉，我们都谢谢发明这种不苦的良药的人（愿他得到下一届的诺贝尔医药奖金），我的太太从来没有失眠过（因此她的体重与日俱增，在她们的银行里，博得"航空母舰"的美称）。至于我，除了偶然给饥饿搅醒而外，平均一个星期之中，有四五天都睡得像烂醉时一样。

我的太太和我都相信"爱从口入"这日耳曼的名言，所以除了自己亲下灶披间做菜做点心给对方吃之外，常常要从外面买点稀罕的食品来互相馈赠，以换取"惊呼热中肠"时的从口而出的友爱之情。她的脾气也很好，胖胖的脸上红得发黑，极像一只蒸发得很好但是又有点烤焦了的大面包，有时我们相互以戏言为攻讦的时候，我就称她为"甜面包"，她给我起的绰号则是她每饭不忘的，又酸又甜的"糖醋排骨"。我们感情融洽，如非酒醉，也从不红脸龃龉。

我的收入有限，我的太太的收入却五倍于我，但是严格地说，我们所组织的家庭，并没有丧失男权。经过她的默许，我从前年复员的时候起，就在我们的"社会主义共和国"中单独恢复了私有财产制，每月只拿出一部分所得加上她的全部，来作为共同的家用。我们的家用也很简单：每一个月留下一点车钱，其余都买了食物——这就是我们的食柜经常丰满，不虞匮乏的原因。

朋友们都说：我和我的太太结婚，只是因为我们都有相同的缺点。但是严格地说：我们是有了相同的好处才结成为夫妇的。我们都爱吃——这种根深蒂固的，共通的爱好，正是支持我们幸福生活的全盘基础，如此而已。

原载《论语》1947年第125期

天下无如吃饭难

应悱村

领到薪水，立刻召集合家老小，开了一个紧急会议，商讨如何处置这笔款子。议来议去，买了米则缺柴，买了柴就无米，议不出一个"所以然"来。几个小孩自作聪明，坚持主张以之买棒头糖，理由是棒糖滋味既好，价钱复巧，"几十万元可以买那么大大一捆啦！"给妻大喝一声，一记耳光打得鬼哭神号。二夫妻虽不曾牛衣对泣，睹此也不禁黯然神伤。正在全家阴云惨惨的时候，邮差送进论语社的信来，编辑先生礼贤下士，说是要出"吃的专号"了。"务请惠赐一文为荷"云。叫一个正在愁饿的人谈吃，是犹命哑子聋鬈论音乐，肺病患者讲体育，其事毋乃有些幽默而且残酷？然而文章于情于"利"，终是非写不可的，于是本主席宣布议案暂时保留，待晚上枕边从长计议，此刻墨磨磨，笔啃啃，做文章要紧。

"不吃饭要饿死"，这是远在读到孟子"食色性也"的名句之前我就知道了的，然而知道吃饭有这么的困难，则实在还是最近的过去之事。昔者先严在世，大树下乘凉，筷来伸手，饭来开口，无论在校在家，吃的都是"现成饭"。每逢小菜欠佳或饭米未熟，在校里是以筷敲碗，大闹饭堂，吓得饭司务魂飞魄散，在家里则默然不语，拂袖离座，吓得嫂嫂们惊惶失措。那时候，只知道世上有所谓恋爱问题，民族问题，却想不到吃饭也会成为问题，而此问题且远比别的什么问题为凶！到得父亲一死，这才逐渐开始认识了"天下无如吃饭难"这句话的真实意义。抗战前期，我在浙东工作，其时米荒严重，不下今日，政府厉行节食，虽大户也只能二粥一饭。我们有时买不到米，就以玉蜀黍（上海人美其名曰珍珠米）代替。妻那时怀着第一个孩子的孕，每天教书回家，还得凸着肚子跟邻家王师母赵太太之流同去磨粉。把珍珠米磨成粉后，和入薄粥汤中，二口儿唏哩索碌的喝下肚去。但那时负担尚轻，每星期日还有余钱可以双手相携，同上酒楼，四两浊酒，一盆虾米，相对低斟浅酌。酒罢甜咸小笼馒头各一客，吃得微醺大饱而归。有时吃毕预备付账之际，警报之声大作，老板伙计仓皇关门出走，我们也就跟着其他食客一哄离座，作鸟兽散。跑进防空洞里，二人相视而笑，这倒还颇有些罗曼谛克之趣。

抗战后期，浙东沦陷，我们身边已为几个孩子缠住，走头无路之下，流窜而到一个小岛。海岛地瘠民贫，出产以蕃茄鱼盐为大宗，因此岛民也大抵以蕃茄干丝为主食，家境稍裕者则茄干和饭同吃。从此我们就餐餐吃着蕃茄干饭咸黄鱼鲞过日子。初时略嫌不惯，不久也就甘之如饴。

胜利以后，不甘屈居乡僻，独自来沪，在一个中学里担任几点功课。按时论值，所入勉强仅够个人糊口。因为米价不定，饭店一律拒绝包饭，校中又无膳食供给，不得已只好天天去吃经济客饭。一菜一汤，二碗浅浅的白饭，这在血气方刚少年是绝难饱肚的罢，我倒尚无不足之感，客饭随地都有，随时都有，肚饥而食，自由自在，也还不乏游牧民族到处为家之乐。只是袋里有钱时，或因朋友来访，或由自己馋嘴，常常多添几只小菜，吃一个痛快淋漓，吃好付账以后，袋里空空如也，于是下一顿的客饭就无处着落成为难题了。用饭时间已到，腹中辘辘而叫，我是常常躺在床上，二眼望着天花板发呆，幻想有什么太白真星之流克算阴阳，知道我在人间挨饿，立派白鹤仙童驾起祥云，下来搭救我的燃肚之急。

　　在上海我自然也有几个亲戚朋友，但我不大愿意夹在人家夫妻儿女团聚围坐之中，在一片"请呀，吃呀"客气声中受罪。有时候饥饿难当鼓足勇气，赶到表姊之类的家里，东扯西拉的谈到了开饭时间，主人问："饭吃过没有？没吃过就在这里便饭罢。"心里很想当饭不让地坐了上去，自尊心一作怪，嘴巴却不由自主地说出"早已用过了"五个字来。其时主人如不进一步激烈勇猛地拖我上座，我就唯有在一旁干瞪着眼看他们酒醉饭饱而已（吾日三省吾身，就是这一点脾气不大直爽）。也有时候朋友专诚来邀，上金门、康乐之类的大酒家随意小酌，口吃鸡鹅猪鸭，耳听蓬蓬拆拆，俨然布尔乔亚，气概轩昂自得，第二餐却做贼般地蹑进弄堂里的摊头，厕身车夫小工群中，匆匆吞吃一碗阳春面充饥。一日之间，荣枯苦乐，相去悬殊，如发疟疾，忽冷忽热，实在很有些悲哀难受。

后来一个失业朋友来依我处，吃饭的嘴多了一张，我的薪水仅够个人糊口则如故，为求经济计，不得不停吃客饭，改变方针，自起炉灶。买了些经济炉子，饭锅镬铲，碗筷调匙之类，不管愿意不愿意，我请他权且充当一下大脚娘姨，为我烧菜煮饭。我自己每天一早上街买菜，然后上学校教书。小菜价钱是很有上落的，穿着西装不好意思斤斤论价，我的办法是跟住一个主妇或是大姐，看她唇敝舌焦地争定了价钱买了些什么，我也就挤了上去跟着买些什么。我那位朋友也是公子落难第一趟，对于烹饪全本外行，煮出来的菜饭几乎餐餐是半生不熟似淡非咸，有一次还错把我的半瓶米美尔补脑汁当做酱油倒入菜中，吃起来甜酸苦咸，四味俱全，为了求饱，只得皱着眉头硬咽下去。

去年冬天，公教人员待遇调整了，自己在校里也由课任而为专任，当时米石六万，月薪可以贾米七石，想到独身在外膳食无定之苦，就以每月租金白米四斗租得房子一间，函电交加地催乡下老婆火速辞去本兼各职，来沪同享天伦之乐。妻子为我信内满纸天花乱坠所动（上海如何热闹，电影如何好看，公园草地如何可给小孩打滚，茶室舞池如何可给咱俩起舞等等），学期中途毅然向县政府涕泣陈情，请求准于辞去校长干事各职，拖着三个孩子二担箱笼，翻山过海地到了上海。方期略事休息，择吉邀同她们去白相白相大世界大光明大舞台等处，重温一下昔年罗曼谛克之梦，哪知黄金潮白米潮几个浪潮之后，物价直线上涨，薪水所入，向之可购七石者，降至仅为一石，而房金白米四斗，却必须按市价折算照付，分文不许拖欠，妻的肚皮同时又向物价看齐，前挺后凸起来，"吃"的问题，就这样又不让喘口气地威胁着我了。嗟乎，时耶命耶？人谋之不臧耶？

内战如再打下去，物价如再涨下去，到了真个吃不消哉的时候，敝人唯有即使因此而吃耳光，吃生活，吃官司，较之不死不活的在家吃苦，坐以待毙，总是痛快一些的罢。

原载《论语》1947年第132期

女人好吃论

周嫩士

"女人好吃"这句话我最厌听，听了就冒火。吃，谁不拣好的吃，除非没有办法。好吃，谁也一样，除非真正迷信禁欲主义的宗教家。墨子以自苦为极而菲饮食，也是宗教家的精神，后来墨者不堪，最后连他们的巨子也没有人做，墨子之教不就是这样完了吗？

吃是天性，谁也没法违拗，除非不活。好吃是习惯，谁也没法避免，除非根本不吃。就是素食的和尚罢，尽管严守戒律，不做酒肉和尚，但是他们吃的蔬笋，所用素油之多往往可以做汤。面粉或豆腐做的素鸡、素鸭、素鱼、素火腿之类何等讲究，无非想在心理上弥补不肉食的缺憾。可见和尚也好吃，只因迷信而不肉食，想肉食之心或肉食的欲望，还是无法全然消灭的。

漫说一般动物，漫说全世界约二十万万躯干直立，两脚走路，手可以用工具，口可以说话的动物，就是植物也要摄取养料，才得生存。养体，传种，这是一般生物所赖以生存之基本的两大条件。不养体则自身灭，不传种则后代绝，有什么例外的呢！古代圣人说："饮食男女，人之大欲存焉。"吃是人类天生的基本的两大欲望之一。凡是欲望总希望满足。

好吃，满足吃的欲望，本身上不算罪恶，当然在满足的手段上也许有些是罪恶的。为什么一般人讳言好吃，单说女人好吃，而含有谴责女人的意思呢？

记得我在师范学校读书的时候，我们一般女同学都喜欢吃，尤其喜欢吃零星东西。学校里的伙食，总是吃不好的。每顿四碗菜，八个人一桌，一抢就吃光了。菜虽吃光了，肚子还没有塞饱，于是自己添菜吃。当学生的又没有多的钱吃高价的菜，总是添一样既经济又下饭的朝天辣椒炒豆豉——湖南人家常菜。那时拿一百钱添一大碗豆豉炒辣椒，一连可吃三碗饭。厨子端一碗又香又辣的豆豉炒辣椒送到桌上来，我们便狼吞虎咽地吃了几碗饭。

我们的校长湖南最著名的大教育家徐特立先生，天性非常的慈爱，爱我们如他自己的儿女一样。他知道我们的伙食吃得不好，又知道我们欢喜吃辣椒，他把他自己每月应得的办公费六块钱津贴我们，每席每天吃一顿辣椒。可是晚餐那一顿没有辣椒吃，我们似觉肚子里没有饱，每每听到窗子外面有人叫卖油炸豆腐（上海人叫臭豆腐干），我们便三三两两地出去买了吃。原来学校后门口，有卖油炸豆腐的，还有的卖担子面（四川人叫担担面）和饺耳（上海人叫馄饨，四川人叫抄手）。有时我们自己不好出去买，便叫女役用漱口缸子一大缸一小缸地端到寝室里来吃。这样，女学生好吃一句话就传开出去了。

又记得我们的庶务江先生是一位年高而十分和蔼的人，同学们欢喜和他接近，我也是很欢喜到他房子里去玩的一个。他的房子的窗外便临近街上，卖结蚕豆（炒胡豆）、大红袍（花生米）、油炸豆腐的都在那窗子跟前叫卖。我们常常要江老先生请我们吃，他拿了钱便把手从窗子上伸出去买。现在想起来，我们那些女孩子太孩子气了。

有些同学们不甚注意清洁，花生壳、橘子皮，随地乱丢，在礼堂里、走廊边，常常发见。我们的校长看见了，必定要写几首七言绝句在揭示板上劝戒我们，我们才争着自己去扫除，大家笑笑闹闹，和在家庭一样。有时我们还顽皮地叫老校长为徐二外婆呢！

我从内地师范毕了业来到上海升学，考入了上梅新华艺术专科学校，真是乡下人走到大都市，有一点阿木林希希，经济力和生活习惯一切都远不及上海小姐。她们吃饭吃得很少，常是吃香蕉、甘蔗、橘子、苹果等等。那时香蕉虽然只卖两毛小洋一斤，可是我们从湖南来的穷学生还是不能经常买来吃。买三个铜板一包的五香豆吃吃，好像马二先生游西湖，吃几块仁片糕，也就很够味了！

目前我同外子回到上海，却依然一样不容易吃到水果。穷教授能养活老婆，有饭吃就不容易。因此外子偶然替我买到一点水果，我就喜出望外。又因为有三个孩子在身边，他们也得分吃一点。一家人都有得吃，每个人虽然吃得少，也就大家够满意，我还有什么比这更大的欲望呢？

"女人好吃"，这句话我真听不入耳。姑且退万步，我承认这句话罢，也得说出个理由。假如说，女人在生理上和男人不同，生理上需要吃多一点，吃好一点。幼小的时候，因为发育比男孩子早，所以比男孩子好吃。将近成年，每月应有的事按月来了，耗血太多，需要补充，所以比青年男子好吃。结婚以后，因为怀了孕，生了孩子要哺乳，需要营养，所以比丈夫好吃。到了晚年，因为过去生男种女，持家操劳，身心亏损，早见衰老，需要滋补，所以比老太爷好吃。这样说女人好吃，未始不可。何尝可以像世人一般俗见，动说女子好吃，含有侮辱女人的意味呢！

男人家不难常常看到一些太太们，有好的东西吃总是先让给她的丈夫吃，觉得丈夫吃饱了比她自己吃饱了还满意；或者让给她的儿女吃，儿女吃得惬意，她自己不吃还真真实实的惬意。其实，只要每一个男子有良心，有慧眼，想一想，看一看，他的母亲，他的妻子，是不是如此。不要说旧式的贤妻良母如此，眼前我在大学的宿舍里看到的教授太太们都莫不如此。好伟大的崇高的女性呵！

我的结论：女人并不比男人好吃，如其不是由于生活习惯，而是根于生理需要，好吃也是应该的！

卅六年六月十三日陈周嬫士写于复旦新村一号Ａ

附记：

我不知道别的地方怎么样，在我们湖南长沙乡下常常听到"堂客们（已嫁女人之称）好吃"，或"女人好吃"这类话。有首歌谣道："请客莫请女客，请五十来一百。吃了早饭又吃中饭，吃了中饭还要留歇（过夜之意）。吃菜吃穿碗底，吃茶舐尽茶叶。茶罐子挺几挺，马桶盖揭几揭，床铺草扯去大半截，叫一声怠慢，只好说多谢。多谢么子？吃个屁？吃得！吃得！（犹言吃了，吃了。）"嘲笑女人已甚。今应《论语》"吃的专号"之征，写此以为女同胞解嘲。

嫩士记。

原载《论语》1947 年第 132 期

老西门的冷饭

老九

上月底，像天文台预报飓风将临一样，我们风闻说老西门宿舍的伙食，为了种种原因将予停止，所有宿舍同人都要集中到民国路编辑部吃饭。这可使大家着了慌，我们在幻想着这将是怎样的一个场面：每天来来去去六七趟，为的是吃饭，事实上，不便的地方实在太多了。单以距离说，宿舍去编辑部达三里之遥，真如此决定的话，那么每人每日三分之一的时间几乎都要花在为吃饭而奔跑的上面了。而且宿舍里多是夜班同人，作一整夜夜工，中午睡起身后空着肚子，先得急急忙忙在路上装一肚子西北风，然后再把饭塞进去，之后又灌满西北风回宿舍，这种"混合物"不在肚里作怪那才天晓得！告急无门的时候，只好就近先陈之于许君远先生。他是不时地在注意我们的工作，同时也常常关心我们的生活。许先生立刻答应替我们设法。三数日之后，我们听说方法已有改变，于是静静地迎接那新奇的一日。

十二月一日，看日子似乎也不平凡。十二时左右我在睡梦中被工友叫醒，催我赶快起身，并且告诉我："从今天起，饭菜都得自南京路挑来，到这里已是凉的，如果不赶着吃那将更冰冷了。"

以往，宿舍里中午开十时和一时各一桌，我要贪图多睡一会，所以总吃后桌。但今天则不行了，虽然还想睡，却不能不赶着起来。几位同事，一在忙洗着脸，一边嘴里在嚷着："还没睡好觉就被拉起来了。"

下面高叫"吃饭"时，大家蜂拥下去。但问题立刻发生，因为两桌同开的关系，椅就不够坐，箸和汤匙也不全，于是怨声四起。三四个工友如"走马灯"一样地团团转，结果总算箸是被解决了，但椅和汤匙无法变出来，只好付之阙如。在这时，大家不能不"善体时艰"，将就地站着吃，谁的心里都在不高兴。

桌上的几盘菜死沉沉地围着一只火锅，这火锅似乎特别神气，站得高高而杀气腾腾地向四周示威。热大概在冷天特别能吸引人，大家不约而同地先把箸子浸到锅中探讨一下，希望有点收获，结果大失所望，里面除漂浮着的蛋花外，竟一无所有。

不热的菜在冒气的火锅旁边，似乎特别显得冰冷，但人到饥饿的时候也就不会择食。我先拣一点菜碰碰嘴唇，感觉实在难以下咽，但转念这顿饭却不能不敷衍过去，于是立刻改变一个适应的方法：先把菜放在口里温一下，然后再咀嚼吞进。人的善于适应环境在这里很自然地表现出来了。

我边吃边注意大家。小徐皱着眉，望着箸间所挟的菜在嚷："这怎能吃！"但随后仍无可奈何地硬塞下去。夏大嘴今天大不起劲，嘴里老嘟囔着，我却听不清他在说什么。大半的人都用汤混在饭里吃，我想这是一个方法。小孩气的大麒兄显得最乐观，他高高地张着吃，拿这顿饭做资料，说着令人喷饭的笑话。最平和的是"袖珍编辑"，他不声不响地埋着头吃，我猜想这里面只有他是最能对付得过去的了，但第二天听说，这顿饭害他下午肚子痛。

领教了这餐饭之后，晚饭餐厅听说只有两三人来吃。

说这是一幅"流民图"，我觉得不大对。但转瞬间严冬即届，北风怒号中，如果有人被强迫着"享受冰淇淋"，那才是"罪过"呢！

原载《大公园地》1947年复刊第15期

酒话

烟桥

章君云生设慎利酒号于中正东路，贮海外名酿甚富，且亦好饮。二十余年前，读余所写《鸥夷室酒话》而誉之，不知余所在，无以通问。今春来苏，以瘦鹃兄介而识余，即专足至海上取"麦推尔"来，余以是大醉。越月，复来，云《申报》"自由谈"载有陈君诒先《谈酒》，同有刘伶之癖，颇欲与之作平原十日之饮，若言舶来佳酿，则英之"威司格"，法之"白兰地"，俱偕藏之三十余年矣。并约于署中至武林小游，盐桥有山阴老酒家"纯号"，所沽异于常肆，不知陈君有此雅兴否？盍往访之。

苏州市沽，殊无佳酿，唯累之友好家中，或有陈储，新正，在吴问潮先生处得尝五十年前所制，惜拼合新酒，不能恰到好处，而色醇香洌，仿佛读古书抚古碑也。

饮酒须觅伴，谚云"酒逢知己千杯少"。确有此情味，若遇荒伧，话不投机，几不能终席。不如与涓滴不饮者清谈娓娓，得少佳趣。

吾乡陈佩忍先生，于酒无所择，虽甜酸下乘，亦不拒，其雅量不可及。余年事稍长，更无耐性，苟遇劣酒，往往绝不沾唇，每有主人殷勤相劝，而其酒殊不堪承教，却又难以启齿，是大苦事。

原载《新闻报》1948 年 7 月 7 日第 7 版

《酒话》答烟桥

陈诒先

　　近在《新闻报·新园林》上读烟桥先生的《酒话》一文，内言："章君云生设慎利酒号于中正东路，贮海外名酿甚富，且亦好饮。……越月，复来，云《申报》'自由谈'载有陈君诒先《谈酒》，同有刘伶之癖，颇欲与之作平原十日之饮，若言舶来佳酿，则英之'威司格'，法之'白兰地'，俱偕藏之三十余年矣。并约于署中至武林小游，盐桥有山阴老酒家'纯号'，所沽异于常肆，不知陈君有此雅兴否？曷往访之。"

　　余读以上话，极感章君之意，唯余近来吃酒，大不如前，章君欲与余作平原十日之饮，殊不敢与之较量。三十年前，余在非园与甘翰臣饮酒，几片饼干，以啤酒杯吃白兰地或威司格，不渗水，每人可尽一瓶。近来酒量日减，则有三故：一，年龄已高，气不如以前之盛，见大杯白兰地，有望而生畏之意；二，近有痔疾，五年前开刀，至今未收口，不敢多吃；三，近来酒价太昂，劣酒不愿吃，可吃之酒，吃得太多，实不胜其负担。因此酒肠日窄。

　　余居杭时，每天下午例酒，皆吃老酒，抗战八年，未离上海一步，越酒难来，遂改吃白酒。所居对过有同宝和酒店，其所售绍烧，尚有正味，余每日晚饭时约吃酒六两光景，有客至，或有佳肴，则吃四川大曲两三杯，大曲虽香，然太贵，不能多吃。上海老酒好者，实不易得，上月在戴亮吉先生处吃得一次好酒，戴君四川人，其菜极佳，是日余本欲与之要大曲吃，乃一尝老酒极为香洌，遂为尽量，此种佳酿，只可在友好家中得之。最近余与友人小游西湖，于六月五日去，十日（端节前一日）返，在朱恒升酒店吃酒三次，虽不能称好酒，然确为山阴所酿，在上海已不易得。章君所称之盐桥"纯号"，余竟不知杭州有此酒家，他日游湖，必一试饮之。

烟桥先生，闻名久矣，其著作常在报端得读之，然无缘晤面。《酒话》中言："饮酒须觅伴，谚云酒逢知己千杯少，确有此情味。"余于此极表同情。余在上海所有酒友中，能懂酒中之坡者，仅许伯遒一人。许君杭州人，善吹笛，有"笛王"之称。余与伯遒吃酒，常常有酒伴太少之感。唯此事无意凑和则有味，正式请客聚会，则索然，质之烟桥先生，不知以为何如？

原载《申报》1948 年 7 月 15 日第 8 版

酒话

陈诒先

十一月十五日《新闻报·新园林》上有烟桥兄作《虚游一日》一文，内言："王四酒家松菌小而嫩，甚隽。惜白酒已罄，新酿未熟，所饮者为黄酒，有甜味，殊暴。如君左复来，当亦与余同有今昔之感。"

日前有苏州友人来函，约去看天平红叶，吃阳澄湖蟹，余以苏州无好酒，竟鼓不起兴致。酒之魔力最大，有好酒之东道主人，虽其菜肴略差，亦欣然赴会。盖酒徒所注重者在酒，有好酒，一盘发芽豆，一包油余果肉，即可吃得满意（酒菜另为一种，如醉蟹、糟蛋、风干栗之类，最佳，可以吃一块豆腐干，几颗花生米，而不必吃鱼翅海参）。十七日余教书归，有打门而入者，搬进老酒一坛，系章云生兄赠我者，马上开饮，香而醇，真山阴产也。近日西北风起，正蟹肥之时，每日买尖团各一，蒸而下酒，天下之美味，无以易之。

庄子《达生》篇内言："夫醉者之坠车，虽疾不死，骨节与人同，而犯害与人异，其神全也。乘亦不知也，坠亦不知也。"此醉者之一境界也。九月十七夕余在慎利酒号吃陈威司格，贪杯大醉，主人云生兄派车送余归，真有"乘亦不知也"之况。《水浒》上写武松醉打蒋门神，中有曰："武松又行不到三四里，再吃过十来碗酒，此时已有午牌时分，天色正热，却有点微风。"此半醉者之一境界也。施耐庵写武松吃酒，不言其醉，却写有点微风，写半醉真入木三分，妙到极点。

民十四年绍兴友人邵资生嫁女，余坐公路汽车往贺之，寓其单醪河宅中，得交陈叔泉，人称为三店王，藏有数十年陈酒，约余饮其家，其酒芳冽而醇厚已极，与昔在北平所饮旗门出售之酒相同。三日后返杭，渡钱塘江时，衣袖间所留酒香，飘拂于面，此时始悟施耐庵以"微风"二字状"微醺"之妙也。

绍兴旧家有好酒，其家制之酒菜，如青鱼干、蚶子，尤为他处所无。水澄巷有一茶食店（忘其字号）售棋花蛋卷，酒后吃数卷，胜于西菜肆之中巧格力。

原载《申报》1948 年 11 月 21 日第 6 版

庖厨篇

李之谟

吃饭问题既成了人生的一个最大问题，烧饭出来的厨房间，自然成了很重要的地方。现在能够有一口饭吃的人，已算得天的佑护，我们决不可小觑了厨房间。以前古圣人虽有"君子远庖厨"的话，以为"闻其声不忍食其肉"，但现在却时势不同，杀猪屠决不肯吃素，君子人也亲手敢宰鸡。所以今日的厨房，自有今日的法度。试写庖厨一篇。

想到这个题目，原是由于上期编者随笔中所提示，说可以写写厨房间里的煤炉。可是我到厨房里去抄查了一下，却并未发见煤炉。煤炉是被装置在客厅里和书斋里，目下天气还冷，并未拆卸下来，但拆除下来时，也总不放到厨房间里来。厨房里所有的乃是煤灶，不是煤炉。炉与灶的不同，原不过各地方用语的习惯，寻煤炉是我的过失。

这个煤灶，因为前几年发生煤荒，无法使用，早已改做柴灶了。现在只有酒菜馆中，还是用煤灶的。大户人家因为现在时行了小家庭制度，已经没有四世同堂之类的大家庭，厨房里尽可以使用煤气，或者电热，否则柴灶也够了，不必要有煤灶。倒是有些小户人家，还用着煤球风炉，这也是取其简便之意，木柴所占地方太大，而且生起火来烟气浓重，不如用煤球方便，而且火力也旺。此外也有人家用火油炉的，那一定是人口更加简单的人家，否则火油比煤柴等总要贵些。像上海之类的大市里，方有煤气（俗名自来火）电热可用，普通总以柴灶为主，烧炭已经算是奢侈户头了。

因为燃料之不同，便须有不同方式的灶。南方还不少木柴，而且稻草豆梗，都可以作燃料，所以柴是丰富的。据说北方有些地方，因为我们住了年数太多，连草根都掘光了，千里一望，寸草不生，山皆童山秃秃，种了些高粱大豆，那些秆子是不经一烧的，所以除了附近产煤的地方以外，燃料十分缺乏，因之灶里烧柴，很是一个严重的问题。在这些地方，那旧式的灶炉，必须予以改善，不能像祖先时代并不缺柴烧的那种式样的。如果能有人发明一种灶，可以用很少的燃料，而有很大的热力，这是顶合理想的。

俗言"酒肉朋友，柴米夫妻"，是说有了酒和肉，才可以结交朋友，有了柴和米，方可以论到夫妻，所以夫妻之道，比朋友苦得多。柴米云云，其实厨房间里的事。所谓女子治内，其实即是烧饭做菜，人生娶妻，无非为要有人做饭耳。所以说"巧妇难为无米之炊"，妇的本职，于此一语道破，无米不能为炊，可见女子只是管着烧饭做菜，而柴米油盐的来源，仍须男人源源供应，否则巧妇也不能代负其责的。

厨房间是烧饭出来的地方，也是主妇的用武之地，所以新妇来了之后，就得"三日入厨下，洗手作羹汤"了。这是任官上任一样的，厨房间内之事，须由家主婆主之，虽然也可以有灶下婢，但那些佣仆，只做些补佐的工作，而发号施令，主宰一切，领导指挥的人，仍得由主妇躬亲为之，不可以放弃职守的。

摩登妇人，有事于社会，一定反对此说，以为这是德国纳粹魔王希特拉的办法，要把女人都赶进厨房里去，是太专制了。其实倒也不尽然，因为病从口入，中国人一切疾病，由于吃食而来的太多了。厨房是食品制造场所，倘使能够谨慎将事些，便可以减少许多疾病的来源，这决非虚言。往往有许多大家主妇，自以为是高贵妇人，要效学古之君子，不肯下厨房去，说一到了厨房被油烟气一熏蒸，要连饭都吃不下的。其实这是眼不见为净的方法，属于掩耳盗铃，最卑怯的自骗自而已。

倘使真能常到厨房走走，即使你家是用大司务管厨的，他们也一定更加巴结些，不至于草塞了事，东西不洗干净，就胡乱煮给你吃了，而且还要说洗了之后，会失掉元神精气，或说一洗之后鲜味都冲淡了，而其实却是他们要省些手脚之力。如换了你自己去弄，你一定要想到是要放到嘴里吃的，决不肯马虎了事，这一点是古之君子害了人。

厨房间里的情形如何，就可以了解这一家人家，如其干净清洁，有条不紊，一定是有一个能干的好主妇，而这一家人家也必雍雍穆穆，有兴旺之兆。倘使凌乱不堪，像无人管理的样子，其家政也必然紊乱，而家道难免渐见夷凌。家的贫富有无，奢侈节俭，在厨房间中也是一目了然的，因为这里才是一家的肚子，是顶腹心的地方，什么都瞒不了人，全给显露出来了。他们很可以，在客厅里陈饰得富丽堂皇，架子很好，倘使厨房间里是灰柴满地，釜甑不洗，碗箸乱杂，壶瓶不整，那么这人家的家计，也必然胡涂凌乱，将至不可收拾。

吃不在乎一定怎样好，最要在于适口，各人口味虽不完全相同，但精洁是重要的，所以青菜豆腐有时可胜过山珍海味，肥鱼大肉，并不合于每一个人的胃口。厨房里如有善于料理的人，可以出奇制胜的。吃是每天日常之事，不在于一时间巧妙，而须有长时间的继续供应。这一种安排，是出于自然的，但十分顺当，所以家常便饭，不能和宴会酒席一例看待。

专门讲了科学化，注重营养价值，多少维他命，多少热量，乃至淀粉质、蛋白质、脂肪等等的数字，固然是很有道理，但人还有一个辨别滋味舌头，食物既然经过口舌，便不能不注意于味觉的要求，所以做菜要调和五味。这是尽人皆知的，但科学家却往往反对，不过也有人主张，味美的是更富于营养，舌是天然有此种辨别之力的。其实在心理上的愉悦，已经很可以增加营养的力量了。所以在庖厨以外，也有更重要精神状态，来补益这个人生。这也就是说人生不完全是物质的，不完全可以由唯物史观来解决的。

我对于厨房倒很有亲切之感，因为我已惯于常常要到厨房去。在读书时代，曾经合了几个人自己租房子开伙舱，所以对于厨房里的事情，也很有些经验，烧几式小菜，也不至于咸淡不调，火候失宜，做饭也不会上生下焦，下面也不会一锅胡涂，实在我对于厨房是感到相当兴趣的。厨房云云，自然是以做菜为主，因为烧饭一项，大概不难学习的，除很大锅的要煮几石米的饭，那才不是容易的事。

　　做菜之道，不外乎刀法、调味与火工而已。各种菜肴，有一定的切法，用刀的技巧，是很重要的，像块肉要方方正正，批火腿便得薄如纸片，肉丝肉丁，各有刀法，鱼片鸡块，均不相同，这是要细细体味出来的。调味主要的是油盐酱醋，而咸淡之间，相差不能以毫发，苏锡一带，多喜用糖，又是另一方式，而中国大多地方，特喜用辣，山东大葱，山西酸醋便自不同了。

　　烧菜最重要，莫过于火候，火力不到家，菜总不入味。所以有的须文火缓煎，有的要烈火爆炒，因菜肴不同，用法自异，各种特异之菜，自有特色，以看火候为最难，所以有同样之菜，而味完全不同者，有的会，有的不会做之故。至于作料之拣选，自然也是重要的。烹饪是一种专门的学问，实在可以设立一个学校的。如果有人来办，我一定举手赞其成。

　　因为到厨房的结果，我明白了厨房间里的事，同样的材料，可以由各人支配的适否，而得到不同的结果，配菜便是一件不容易的事了。你先得计算吃饭的人，再来配几碗菜，如果你自己上街去采买，还可以看了小菜场上的情形，再临时决定，这也有一番经济经纶的，决不是随便见了买几色就是。倘使别人给你上街去买，你自然也可以先指定的，但是未必会全有，那时你就得运用心思了。这一种支配，决不比当国政的对于各部长官各省主席的人选安排容易些，而且以前称宰相为调和鼎鼐，也不过是说他会烧小菜而已。

再从家计的收支来看，现在普通人家，大部分的支出，都在厨房间里，柴米油盐，已成了每一家重大的担负，这自然因为战争拖延，生活水平大受压低之故。但倘能略加预算，如每月要用多少柴米，多少油盐，小菜如何支配，那么每月必不可少的支出，便有了一个约数。作为一家主妇的，倘使并不明白这一点，那么一定要前吃后空，或者收支难以平衡，自己家里不能印钞票，只有催怂丈夫去做投机生意，以为可以发财，但是即使生意得利，这个厨房间还是弄不好的。

厨房是供应一家伙食的，乃是全家人口命脉所关，这职司十分重大，万一有天断炊，各人便要有被迫绝食之叹。孔子虽曾绝粮于陈，但那并非光荣之事。所以要保持这个厨房常能供应得起，决非家主婆一人之事，厨房不过是一个转手的机关，并非有了厨房就有饭吃也。这一点不能单独责成厨房的。倘使米少水多，煮出来只是稀粥，决非干饭，但因为要维持每人三碗的分量，必须这样一大锅，想做只要是三碗，就可以吃饱，将来也许会竟烧出一锅清白的水来的。这样，大家以为仍旧可以果肠而不声不响么？

的确，厨房是纯粹属于支出方面的，这里完全没有收入之道，而且如果要走漏，这里更可以是一个绝大的漏水洞。不一定说残菜冷饭的施舍给乞丐，整个的柴米油盐，也照样可以漏走出去的。特别是主妇不下厨房去，这里的账是最无法稽考，而且一向以为这些米盐琐屑，是不应当较量的，所以除了老鼠蟑螂以外，这地方还可存在无数更大的老鼠与蟑螂。厨房是与家有顶密切关系的，所以受天帝之命来察司人间善恶的灶神，只须通年常坐在厨房间里，也可以明白全家的状况。没有一件事会不通到厨房间里的，大少爷来了女朋友要备点心，大小姐出外交际没有回来吃饭，任何人多的大家庭中间，在厨房间里总清清楚楚，而在更少人口的家，则一切都在灶神面前演出，小如口角，大至饮酒吃肉，都在饭碗里菜碗里，留着痕迹。

厨房的形式也不能千篇一律，在上海地方，寸金土地，一幢房子里，楼上起楼，阁上架阁的要住上八九户人家，那只有在楼梯边，门角里，走道边上摆一只风炉，但也不失其为厨房，至于大公馆的电炉煤气灶俱全，也仍还是厨房。平常房子不是这样的挤时，厨房间里，总有灶头，所以也叫灶间，更属名副其实。厨房，应该有橱，此地可以是碗橱食橱，但都不如灶来得更重要，因为须要有了灶，才可以把吃的烧出来。

中国人对于厨房，向来并不看轻，灶神既以为神官，而且每年对于灶神的升天奏事，都要迎送如仪，乡下人更不许一切不洁之物进灶间，这也就是对于吃食尊重之意。民以食为天，食既如此之大，使食可以食的厨房，自然也不小。这正像中央银行是同通行的钞票一样大，而钞票既由政府所发，到银行自然与官衙一样大了。厨房中的唯一出产是灰，燃料在灶中燃烧之后，都得变做灰，这是无法避免的运命。而且一定要厨房里源源有灰出来，才表示这是活着的有作用的厨房。这又好像银行开着必要发出钞票来一样。但我并无将钞票比做灰的气魄，因为我们究还少不了钞票的用场，而于灰却是可有可无的。

　　有些大人家，厨房还要分大小。大厨房只做公共的大锅菜，小厨房是各小单位所私有，而自做私房菜。大锅菜往往是虚应故事，无油无味，而私房菜则十分精美。这样的人家，当家主人，一定苦不堪言，因各小单位只自顾其私，而且往往要假公济私，于是只有公愈穷而私则愈肥，结果这样的大人家，不久就须要分家的，否则这个家必至败亡而止。不过现在通行了小家庭之后，大家庭解体了，所以在家庭中，这些小厨房组织是少了，只有许多团体组织中，还有小厨房的存在理由。因为团体中人多口杂，各人口味不一，自会有人热心邀齐同志来组织小厨房以解决伙食问题的。不过做小厨房的人，如果是在团体中管理厨房的人，那又不能免上述之弊病了，这也不能怪财经当局自己要扒金钞外汇，从古就有"近水楼台先得月"这一句诗句的，况且他们是组小厨房的能手。

厨房间里的工作人员，当推大司务为领袖，而顶苦的乃是烧火担水的人，有自来水的地方，不必出外挑水，省力得多了，但全国有自来水的城市竟然没有几处，所以挑水工作还是吃重的，因为一切都要水，没有水同没有火一样，厨房间里不能展开工作的。不过顶劳苦的顶被视为卑贱，却是一条铁则，所以水夫火夫在厨房间地位最低。天下事都是如此，即在厨房间也没有例外的，顶写意的乃是来吃肉骨头卤水残汤的野狗家狗，他们是不劳而获的。厨房间里的善后整理工作，正同一切善后整理工作一样，是顶麻烦的。挑水烧火是吃力辛苦，而洗碗碟，揩抹锅炉，整理各种用具，却有不胜其烦之概。

大司务做菜，要碗就有碗，要碟就有碟，几盘几碗端得出去的，等到吃过了杯盘狼藉之后，收回厨下来，这正同败兵退阵下来一样，杂乱无章而且很是肮脏，所以厨下洗碗，是跟收拾残兵同其烦难。中国厨房间，所用餐具形式种类又多，整理更是不易，不像外国人只有大菜盆子，而苦学生到美国的，可以在一个假期中到餐馆担任洗菜盆工作，获得一学期的衣食教育费用，虽说他们西半球对工人待遇好些，但也总由于这桩生活确实烦重之故。杯盘碗箸都已洗过了，厨房间里的事情可以告结束了，但是还有顶重要的火烛小心，每晚临睡，家主人必须亲自巡视灶下，盖防有遗火也。因为火灾是顶可怕的，像上海地方救火工作办得如此，也还有许多闲话，总不如预先防止其发生顶好，所以除了防盗贼的要检点门户以外，这最后的巡视灶下，在老年人也是十分认真的。这是中国旧时居家之一定道理，厨房间里每天仍在烧柴，火仍旧可以成灾害时，这里还是可以存在的，虽然目今的时髦人物，早已视这一种行动为太泥古不化了。

厨房间已经说尽了，我们已经十分明白它怎样的重要，一家之计，大半由厨房决定，绝非过言。不过我还要劝大家也不必过分地看重厨房，因为生计之道，节流原不如开源，厨房间里用点心，是可以节约不少，但却不可专一在这方面打算，而流入于过度的节约，那便要成为啬刻了。这种矫枉过正，我们是不赞成的。比方主妇因须到厨下，固然不可以效学摩登妇女的成天在外交际应酬，但也不必成天守在厨房间。只要一日三餐，在准备做殽时，一下厨房，已经尽够了，终日在灶间的，已经有灶神，更无须别人作伴的。

不固守在厨房间里，方能明白厨房间的真正地位，而对于厨房的打算方能合理。人事都是如此，不能入魔的，沈湎耽溺，便要丧失其聪明。所以无道昏君的能被左右蒙蔽包围，正因为他不喜到外边来看看之故。厨房间是决不能独立称雄的，在家中它虽是一个重要的机构，但它的存在是附属于整个一家的。家如其败亡了，厨房间也同样要拍卖出去，而厨司和灶下厮养也得另换人家的，即使是老鼠蟑螂，恐怕也要改元易帜了。管理厨房的人，因为老在灶下，识见一定浅陋，还是不开口的好，因为他们虽也可以有发言权，无奈缺乏能力，正像中国老百姓，虽然国家是民主了，人民却没有做民主政治的能力，便爽性掉头不顾，这是中国人式的聪敏之处。我也不一定是赞美这一种聪敏，不过比了什么也不懂而乱搅，总是可取些。那么虽于厨房的事，我也不好意思再多谈了。

原载《论语》1949 年第 172 期

厨灶

风 物 杂 录

梅子

茸余

立夏后，街头唤卖梅者，厥声松脆，恍如齿咬青梅，初听而齿酸，再听而涎流矣。因购数枚大嚼之，口齿爽然，流酸四溅。梅古作调羹之品，若今之用醋然，书云"若作和羹，尔惟盐梅"，今则此风已失，唯供餐余之用矣。

江浙间取黄梅捣酱，和以糖，或煮，或晒，可久藏用，以佐馔，殊适口，其他有咸梅、卤梅、甜梅等，因制法之不同，而各异其名称。

梅有催眠作用，想象其味，即涎流，诚解渴之神品。昔"孟德行军，失汲道，兵渴，其乃令曰，前有大梅林可解渴。士卒闻之，口皆出水，因得及前源"。此事载之《世说》一书中，非稗官之附会也。

江湘两浙，四五月间，梅欲黄落，则水润土溽，蒸郁成雨，谓之梅雨。苏轼诗曰"欲看细雨熟黄梅"，储光羲诗曰"五月黄梅时，阴气蔽远迩"。此皆咏梅雨天气者也。

司马光之"黄梅时节家家雨"与曾纡之"梅子黄时日日晴"适成反对地位，幸有戴复古之"熟梅天气半阴晴"以调剂，不则起梅争矣。

妇女然酸谓之"醋娘子吃黄梅"，《石头记》上已引用之，妇人怀孕喜食酸梅谓之"咽酸"。尝忆某君美人孕词句曰："含羞问檀郎，梅子枝头黄否？"真形容尽致也。

原载《申报》1923 年 6 月 1 日第 8 版

果话

瞿道援

余每得果，辄不忍食，置玻璃盆中，作案头清供。瓶有鲜花，盆有鲜果，静坐相对，觉有无限美感，未识亦有与我同癖者否。荔枝可推为集中第一，兰汤浴罢，挥轻罗小扇，坐浓荫下，擘而食之，肌莹如晶，核小若豆，甘溅齿颊，雅有余芳，真不亚于琼浆玉液也。欧阳永叔词云"绛纱囊里水晶丸"，洵非多誉。昔玉环酷嗜之，道远而必欲生，致驿使传递，虽速然辄腐败，人马有因赶路而疲死者，百姓苦之，故唐人诗云"一骑红尘妃子笑，无人知是荔枝来"，欧词亦云"只惜天教生处远，不近长安"也。荔枝以福建兴代所产者最佳，沪上交通便利，吾人遂得食鲜者，较之内地人之仅得食干者，犹胜一筹耳。

夏秋间之果，除荔枝外，楷杷以皮色带白者最佳，以制蜜饯尤美。桃北方所产大而味甘，颜色红艳，沪上殊不多见。吴江之水蜜桃亦甘美，惜多蛀损者。梅子吾爱之，而畏其酸，每食不过一二枚而已。葡萄以北方所产者为佳，尝有友人自京师馈余少许，形长而色绿，食之味极甘美而无核，较之市上所售之紫色圆形者，大不相同。苹果之颜色极鲜艳可爱，味亦不恶，他若李与杨梅、香瓜等，则卑卑不足道矣。

种果之利益极厚，鲜果既为吾人所嗜，制为果干亦受人欢迎，其获利之丰，可断言也。惜我国农业不发达，果树纯任其天然生长，不知加以人工培植与改良，遂致产量既少，质量复不优，国内之一班实业家皆不之注意，可慨也夫。

原载《申报》1923 年 7 月 6 日第 19 版

瓜

烟桥

魏文帝《与吴质书》："浮甘瓜于清泉。"《任昉传》："昉率梁武帝闻讯，方食西苑绿沈瓜，投之于盘，恕不自胜。"瓜亦如人，浮沉尘海。瓜有南北东西之别，东瓜可佐餐，南瓜可充饥，西瓜可解署，唯北瓜则仅有妙相，无涉朵颐，非多此一实耶。西瓜五代时始入中国，先乎五代虽亦有之，而未尝以西名也。

西瓜之甘者，有异香，虽饮冰不能敌也。三白为上，雪脸次之，松花更次之。而三白则以圣堂所产为佳，圣堂去苏州南三十里一小村落也，皮绿如翡翠，瓤白如玉，甘浃齿牙，凉心肺腑，若当北窗风微微至，细君揎袖持并刀，砉然破瓜，取银匙剜而食之，斯时如在水晶宫里，不复知炎熇约灼也。十多年来，马铃瓜俗称枕头瓜，余谓妙甚，若以芭蕉作席，瓜作枕，午睡片时，羲皇上人无是乐矣，况郑灼以之镇心，何妨借而苏脑。

自有瓜分之言，国人辄以之相警然，而蚕行蚕食便易初心亦渐忽之。近闻共管瓜虽获全甘液，将竭彼为蛮触之争者，如瓜葛之纠纷而癫蛙蟆想吃天鹅不及，俟瓜之熟而蒂之落矣，对此混沌可为太息。

小儿女好以西瓜去瓤，刻镂成灯光，惨绿有如囊萤，不意清凉世界顿成热闹道场。

便帽称瓜皮帽，西湖划子称瓜皮艇，一覆一载皆取乎瓜。吾人殆一瓜子矣，金之小者曰瓜子金，人之美者曰瓜子脸，黄金美人兼而有之，瓜子瓜子何修而得此。

王建诗"二月中旬已进瓜"，不知是何瓜也。吾乡斜桥有瓜，大如波罗蜜，色绿有楞，略去其皮，即现碧玉之瓤，嚼之清脆有声，味之甘爽可口，号翠瓜，则较早熟，然亦须五月中旬耳。按之类书，似即甜瓜之一种，其言曰：甜瓜以香而小者为第一，作黄绿二色。而乡人包括"老来黄""苹果瓜""白小瓤"诸色，亦曰香瓜，盖《清异录》所谓，未至舌交，先以鼻选，甜舌交也，香鼻选也。

以瓜去瓤，置鸡或肉煮之，可得异味，然不及荷叶包有清香也。农家利用废物，以瓜皮剖取外层至薄，置酱中，越日曝之，使干，切缕，加糖及油炖之，可以佐餐，谓耐人寻味，故吴下有"说大话，吃瓜皮"之谚也。

原载《申报》1923 年 7 月 22 日第 8 版

谈龙华桃

钱选青

　　暮春三月，龙华桃长，夭夭其态，灼灼其华，沪上士女之往观者，络绎于途，名曰游龙华，实则名之赏桃花亦无不可。人但知桃产龙华，其实上海产桃始自黄泥墙，今则龙华南北二十里以内，桃林项背相望，固不仅限龙华一隅也。桃性喜排水便利之砂土，沿浦一带最适宜，内地则否。桃可远观，亦可近瞻，远观则软红十丈，一色青青，近瞻则含笑迎人，秀色可咽。

　　桃景最佳处，尚不在此桃林深处。含蕊尽放，仰观则点点欲坠，俯视则落英缤纷。而江头塘湾桃花，片片净水面，随波荡漾，一若人之酗醉而不自主者。桃与柳相映成景，诚以桃纯红，柳纯青，两色相衬，于是乎春景宜人。

　　初接之桃，距地约尺许，一枝独立，而几朵桃华竟与大树相斗角，人亦不忍忽之，几疑其自他枝折来插于其上者。要知桃之新枝易开华，冬日接桃用新枝（俗呼桃头）与砧木黏合，同气至春而遂吐蕊矣。

　　桃之利乡，人谓之九年三熟，以其不常熟也。自开花时期以至花落结果，天气必须晴暖，若阴寒多雨，则损失甚巨，即结果亦多脱落。

　　小鸟若黄伯劳、白头翁之类，最为桃害，自开花以至果熟，小鸟时来啄食。五六月间，果实呈鲜红色，彼则啄一二口以去，斯为农家最忌者也。故必罩以网，或裹以纸，唯兹举不易，农家鲜的行之者。

桃早熟者曰五月桃，扁者曰蟠桃，圆者曰水蜜桃，又有洋桃一种。味以蟠桃最美，水蜜桃次之，洋桃又次之。大者每枚重十余两，可易番饼一圆。唯统计全园，若斯者十不得一。桃本为农家副产，鲜有赖此以生者，近年物价腾贵，桃值奇昂，于是桃之利以厚，其良者一亩可获银二三百元，农人羡之，争相栽种，今则视如生命矣。

桃有盛衰，大约暴发三年后渐趋衰境，衰则结果不多，是故专于桃业者必放数园，新陈代谢。

桃虫害极烈，结果鲜有完好者，每见圆团团毫无疤痕者，固佳品也，而蛀孔一二题于面上，减色不少，农人惜之，施以手术，以为上货。不识者不知其有疤痕也，其法维何？曰以灯草塞入孔内，刮桃毛（桃果表皮多毛曰桃毛，亦曰桃芒）以敷之，弥缝若完璧，生眼人不之察也。

桃受煤气熏炙，结果多劣，佳种亦变坏。龙华一带有制造局、水泥厂、火药局等，墨烟缭绕，终日不息，而龙华桃遂负虚名。其佳品则在龙华迤南沿浦一带，每年五六月上市时，小东门各水果行，极形拥挤，龙华镇上亦设临时桃行焉。

原载《申报》1924年4月18日第8版

说李

鄂常

李性凉，熟透食之，清肝涤热，活血生津，亦果中良品。唯多食则生痰助湿，凡体弱而脾虚者更忌。以盐曝、糖收、蜜渍为脯，味颇可口。李类不一，详于古籍甚伙，而名之雅艳者，如鲁之颜子李，我禾邑之西施爪。颜子李见《西京杂记》云："上林苑有颜渊李出鲁国。"西施爪即为嘉兴之檇李，相传西施善啖李，常以食余之核植之，并戏以爪印其实，李之有爪印者，谓为西子所手植。市上佳李不易见，而有爪印者更鲜，或谓桐乡县署中前曾有之，后以不善保护而枯死，仆生也晚，且做客他乡，无以证之。

市上之李多酸涩，而甘鲜者少，唯禾中所产檇李则独佳，详于史咏于诗词，诚居果中之名品，无疑产于桐乡者最佳。禾之屠甸寺所产亦良，附近者味亦甘美，异于市品。唯较之屠甸、桐乡之良品，则终有一筹之逊。檇李肉细而鲜美，胜于龙华水蜜桃，果熟时破一隙，以舌舐之，肉均变露，仅剩皮核，味美无与比，喻玉液琼浆或亦尔尔。惜不熟则不良，熟则难运远，与哈密之瓜、龙华之桃同为远客福薄。檇李良品不易得，盖均为捷足者预为定购，或骄亲友，或贡权贵，有生长是乡者亦竟不知其味也。市上售者，只有与嘉庆子之别，嘉庆子产于洛阳嘉庆坊，村老谓为清帝嘉庆应运而生此果，及《随息居饮食谱》谓，李一名嘉庆子者，均误也。

原载《申报》1924年7月26日第8版

餐花

胡怀琛

花之可食者甚多，沪上福建菜馆，于秋日菊花盛开时，取花瓣之洁白者，散置盘菜之边，其香其色，皆极可爱。和菜食之，味亦甚佳。余尝戏谓曰："此所谓餐秋菊之落英也。"

然除菊之外，花之可食者犹多，如桂花以糖腌之，为制糕饼者点缀之材料，人所共知者也。吾乡人于秋日取玉簪花，以面粉调水，加糖，将花蘸粉而投油中煎之，甘芳适口。又春日取杜鹃花食之，味甜而微酸，此皆以花为食也。

后读《瓮牖闲评》，知宋人喜食牡丹，略云，好事者多用牛酥煎牡丹花而食之，可见其风流余韵。又云，此事得之《东坡集》中，东坡《雨中明庆寺赏牡丹》诗云"故应未忍着酥煎"，又诗云"未忍污泥沙，牛酥煎落蕊"是也。

原载《小说世界》1926 年第 13 卷第 1 期

谈 橘

徐 碧 波

橘初冬而实，皮薄瓤厚，味甘征酸。闽产者名福橘，色纯红，形扁圆，面光致。粤产者名广橘，色橙黄，形长圆，皮糙多斑，其较大而色兼黄赤，皮更粗厚者，是为蜜橘，浆液甘醇无伦，产于粤东者称佳。近年海禁大开，若旧金山之输入者谓之花旗蜜橘，然卒不敌暹罗运来者之佳。

橘皮即陈皮，我苏山塘宋公祠有秘方，所制陈皮味美于回，治咳有奇效，曩年曾入贡皇室，至今盛名犹未替。

往岁在赣东旅食时，土人常于仲冬之日，以衢橘相馈，尝之而甘，色香味亦不让福橘，特圆径较小耳，以产于衢州故名。道出九江时，尝市得南丰橘，啖之味甘如醴，皮薄而核小，色微黄，橘中之隽品也。越中天台山亦都产橘，曩年曾在某君处，尝啖得刘山农所赠手植品，厥味芬芳甘洌，至今犹能回味得之。

南京路冠生园尝于玻璃橱中置有人工橘树一株，树下塑一角巾秀士，神情栩栩，上袭以词曰"一年好景君须记，最是橙黄橘绿时"，此种应时广告颇足惹人注目。

《吴志》云："陆绩年六岁，于九江见袁术，术出橘，绩怀三枚，拜辞堕地。术谓曰：'陆郎作宾客而怀橘乎？'

绩答曰：'欲归遗母。'术奇之。"鉴于上述，不禁回忆，予当舞象之年，值新春，我师邵侗庵张灯设廋词，余曾射得"非同焉"（谜面）为"司马相如"，赠品系卷烟一盒。师以我幼年取此物不当，遂易以福橘一枚，摩我顶而言曰："孺子聪慧，洵可造才，今予尔以福橘，增尔福也。"当时同学诸子曾有妬我者矣。归以橘奉堂上，而具告由来，堂上亦喜，诏我曰："若后此当益奋勉于实用利国之学，将来显亲扬名，始不致负今日师傅教若爱若之意焉。"嗟乎，年华逝水，一瞥眼间，已更十余寒暑，微特堂上师长之期望不克报，而偃蹇傺佗自信，亦始料所未及。回首前尘，徒呼负负。诚所谓幼时了了，大未必佳欤。偶谈及此，不禁重有感焉。

原载《申报》1926 年 2 月 2 日第 11 版

秋栗隽语

转陶

桂花香里，良乡栗子上市矣，其味酥而松，亦香亦甜，故嗜之者众，街巷间水果肆中，无不隽此品。然味之佳，全在乎炒栗子手腕，必以火候恰到，方称上乘。若炒而未熟，即觉生硬，遂致失其真味，故良乡栗子之佳否，悉视炒手之如何也。

业中人每届秋令，良乡栗子将上市时，乃雇用栗手。栗手者，个中人炒栗者之术语也。栗手约分三等，上等者佣工颇昂，中等略次，三等则下驷矣，生涯鼎盛之肆，皆雇用上等者。盖良乡栗子一市，亦犹茶食店之中秋月饼，关系盈亏也。

苏州良乡栗子之最佳者，推观前门口一枝香，于晚间四五点钟，栗子出锅时，鹄立而伺购者，每达百余人之多，可见其栗市生涯之盛。唯现在一枝香之糖炒栗子，实不能称上品，非唯无酥甜之味，抑且坏栗颇多，气色臭恶，近年来又渐趋于贵族色彩，百文不能得十枚。三四年前，其栗确有一种妙处，具桂花栗子风味，仅售三十文一包，每包有十余枚，子尝以之馈他乡亲友，亲友类多喜此，迄今犹有称道之者。

桂花栗子，为无锡名产，其柔腻实胜良乡。桂栗制法，以文火炖酥为最佳，和以冰糖，若以之佐肴馔，亦具风味，清炖鸭及红烧肉中，加之尤宜。无锡吴观蠡君，尝为我言，上海明星影片公司，以摄外景莅锡，飨以桂栗，无不啧啧称美味，明星宣景琳，尤爱食之，可见海上尘俗，即食物亦皆恶劣，无从得此隽品也。三年前，即佣职梁溪，炎夏甫过，即亟亟欲一尝异味，锡人谓须俟之中秋节后，时适江浙启衅，仓皇遁沪，遂失此朵颐之福，至今每见报纸谈栗之文，犹为怅然。

以良乡栗子风干生啖，亦有异味，唯愈干愈佳，其妙处在一脆字，吾吴海味肆，常售此品，价奇昂，高炒熟者二倍，居家每以之飨宾客。新春正月间，亲友间每多往来贺岁者，茶盘果品中，颇多此物，或盛以琉璃之碟，其色浅黄可爱。

予嗜栗，尝以多食致疾，医者谓，栗不易消化，多食不宜，故今我常不敢多啖，生者尤不宜，以其质坚不化也。

年常南货肆中所售栗，虽远逊于良乡，然亦有两种食法颇佳，焐粥与调羹也。焐粥可杂以芡实莲子之属，常人谓之百果粥；调羹则以清栗为尚，其味胜莲子羹，然亦有和以白果芡实者，未免驳杂矣。

良乡栗子中尤以粒小者为上，大者则下乘矣，故欲辨良乡之真伪，大率以粒之大小为断，商人狡猾，常以伪者乱真，或真者杂以伪，于是市上多赝鼎，欲求真正之良乡，迥乎难矣。

原载《申报》1926 年 10 月 13 日第 13 版

黄泥墙桃

觉迷

杨老圃尝言桃花杏花，为中华极古之土产。今日世界各国，皆有桃花杏花，自中华始也云云。征之诗之桃之夭夭，管子之其木宜杏，其说确也。上海为世界各国观瞻之地，而黄泥墙桃，即为上海著名之土产，实足以扬吾国光者也。然今日上海，已无黄泥墙遗址可寻。所谓黄泥墙桃，亦但有其名而无其实矣。然今日龙华之水蜜桃，实犹脍炙人口，殆为黄泥墙桃之遗种。惜以不讲栽培之故，桃多虫伤，不如本省通州、崇明，浙江慈溪、奉化所至之水蜜桃为佳。闻开花结实之时，以布裹扎，则桃熟之时，可免虫伤。愿龙华种桃之人，仿而行之，保存上海土产，发扬中华国光也。

原载《申报》1926 年 12 月 22 日第 17 版

食物别名录

徐心吾

食物别名，颇多佳趣，凡琐屑不贵之物，一经词客品题，自然绮腻宜人，如朱竹垞《南湖棹歌》曰："小娘浜接鸳鸯村，一带青旗扬白门。跳上岸时须认得，秀州城外鸭馄饨。"鸭馄饨即哺退蛋，一名喜蛋，

王次回《阊门杂咏》云："流苏斗帐不通光，绣枕牙筒放息香。红日半窗春睡起，阿娘浇得善鸳鸯。"善鸳鸯即鳝鱼和猪肉佐面也。

潘雅奏《小楼诗》云："小楼帘子滚杨花，要吃梅酸龋齿牙。三日恹恹愁病里，堆盘怕见俏冤家。"俏冤家即猪耳，吴门陆稿荐家所制甚佳，一名马面。

尤锦生《菱湖即事诗》云："越溪绫子放吴绵，郎入酣乡妾未眠。几度踹郎郎不醒，隔湖打过傍鲜鲜。"傍鲜鲜为细鱼名，冬天黎明，渔船棒鼓，声声不绝，言傍此鲜鲜，趁早来买，故有是名。

杜其武《夏闺诗》云："浴罢兰汤发亦香，虾须高卷为贪凉。冰刀最是无情物，割破双双白小娘。"白小娘即香瓜白色者。

原载《小说世界》1926 年第 14 卷第 9 期

水蜜桃

哲侯

年来水蜜桃出品，日增月盛，夏秋开市廛之陈列，报纸之鼓吹几于触目皆是，而尤以浙东余姚奉化为特盛。吾姚人也，上年来烛旅沪滨，每届桃熟辄不能亲赴瑶池，有时遣人采办，方得尝家乡风味。桃之出产地曰春笑园，在乌玉湖之滨，广袤数十亩，尽以栽桃，经营亦十年矣。余于清明节，返乡扫墓，特约友人三四，往游斯园。园主人与余稔，款待甚殷，则得略悉种桃状况，来沪后溷迹嚣尘，依然故我，山家一夕话，历历犹在耳际，因泚笔记之。

水蜜桃之来历

桃本沪产，据褚华《水蜜桃谱》所载，出前明顾氏名世露香园中。顾氏凋零后，园亦荒废，即今之九亩地也。桃种传黄泥墙李氏吾园，及右营，击署北，故至今勿替，唯龙华一带尚有种之者，非此几绝迹矣。余姚桃种，传自杭州，迄今辗转嫁接广播各地，日本欧美诸邦，亦有栽植此种者，可谓无远勿届矣。

水蜜桃之种类

大别之为二，曰上海系水蜜桃，曰天津系水蜜桃。上海桃白毛圆底，色微黄，如建兰花，香亦类之，其尖略有红晕，或有如霞气漫布者，其味甘美，与名相种，最大者斤不过二四枚。天津结果大无红晕，味微酸，近核且涩，远不及上海桃之可口，近者育苗之家，炫奇矜异，巧立名目，闻者多为失笑。春笑园所种，均上海系，得土之宜，倍觉甘美，因出于乌玉湖，故以玉湖桃名之，辗转传误，竟以玉露水蜜桃名于世，而投机者诬为新种，无稽之谈，不足征也。

梅花馆主按：吾姚玉露桃其味较各地所产者为佳，甘美中有清香气，炎夏啖之，可以却暑，每年销行沪上者，为数达二三万元以上，僻陋之区，而居然有此特产，余姚水蜜桃之雅号，将与绍兴干菜同传不朽矣，一笑。

原载《申报》1928 年 6 月 23 日第 17 版

瓜语

清瘿

瓜有蔬属果属之别，兹以西瓜为限述之，庶足为消夏者之一助云尔。

西瓜以花皮雪练者为贵，沪人呼为雪瓢西瓜。若其子如全白，而尖端有两黑点者，名"蝴蝶子"，是为正种；赤色者名"沈香子"已次之；至纯黑者，则其种已变，其他皆为下品。

又有一种形较小，而状长圆，皮无花带，俗呼"洋西瓜"，然其味似富有甜质，而性热非凉，虽觉可口，摄生家所不取。

购此瓜时，欲辨其生熟，有一诀窍，如瓜皮之色带有霜头（略如微霜），而藤附青叶，知其初摘，其物必新鲜。犹疑其未熟，不能适口，可以手举之，估量其若干斤者，而不如其数，则其实较轻，而味必甜美，不至受欺已。

剖瓜时欲取其凉，须先三四小时，如在内地有井水者，以网络盛之，浮于其中，至欲吃时取出，则尤觉鲜洁精美，爽人齿颊。或有以之入沸水中，使其冷度逼入瓜心，少顷，即以刀剖而食之，胜于冰淇淋万倍。

有刲其藤之一端，作一罐形，扶其瓢十之三，而虚其中，实以童子鸡块，和以五味，隔水炖之，名曰"西瓜鸡"，以鸭腰南肉代之，亦可。以生食之品而煮食之，可为老饕家别开生面。

瓜皮较薄而清脆者，刮去其软质，将剩留之青层，约二分许，切成小片，加以盐粒，排其水分，再以酱附之，历三四小时，即已足味，可为酒后进粥之物，以较著名之酱菜，且或过之。若仅加清盐，曝于日光中干之，置藏不使泄气，日久饸之，可治喉病，极验。

其子吃后，亦可保留，如饱绽而不空虚者，可于水中淘之，俟其沥干，藏至明春，炒之，可供新年中消闲敬客之食品，俗呼"本土西瓜子"，其芳香袭人，亦非外来之物可比。

原载《申报》1929年7月24日第21版

樱桃小识

天虚我生

樱桃性热，小儿食之过多，无不作热，常人多食，则流鼻血。顾杭俗每于立夏节日，必以樱桃飨儿童饱食，初不知其何所取义。近以沪上盛传脑膜炎症，细考病状，则即吾杭之所谓瘄，亦即中医所称为疹，又称为麻，沪人则称为痧子，与痘相似，而所患不同，痘为阴毒，此为阳毒。凡人有生之，初胎中所秉之毒，必当发泄一次，故此二症，凡人皆所不免，唯在儿时，蕴滋不深，透发自易，若至长大成年，往往杂以感冒，容易误投温药。盖其初起，皆患剧热，有类伤寒，亦似伤暑，投以凉药，无不闭塞而死，百无一活。若用西药以冀消炎，或取下泻，如退热冰或硫酸镁之类，则热毒下陷，深入胃肠，因而绝食成痢，不可救药，盖比比也。樱桃主透发内热，凡患风病及寒热病人，食之立发，其解药，则以青皮甘蔗榨汁饮之。故王维樱桃诗云："饱食不须愁内热，大官还有蔗浆寒。"

石人于物，必穷理而尽知，正与东坡食栗相同。曩时上元灯火，及清明纸鸢，皆系小儿仰面去内热也。立夏为阳气最盛之时，若至夏至，则一阴已生，阳气渐复潜伏，透发为难，故欲利用樱桃，发其内蕴之热，以泄胎中所受之阳毒。验方有用樱桃四五斤，密贮瓷瓶，埋之土中，经二三月自化为水，取用一杯，温热以滋垂死不出之麻症者，足知饱啖樱桃，正以促发内热，使勿蕴藏为患。而《本草拾遗》于"甘蔗"下载：

> 黄海若云，凡痘疹不出，及闷痘不发，毒盛胀
> 满者，宜青皮甘蔗榨汁与食，不时频进，则痘立起，
> 其寒散解毒之功，过于蚯蚓白鸽，惜人不知其功用云。

由是观之，则辋川诗中所谓"蔗浆"，益可信其格物之深。大抵痘疹欲其透发，则用樱桃，既经透发而后，欲其清热解毒，则以蔗浆为其后盾。上述二方，仅具片面，转不如辋川之诗合于医理。所谓不须愁者，正谓不妨饱食，使内热透达于外；而所谓大官还有者，则因所咏樱桃系由御赐，大官乃御厨之官，犹今西厨之称大司务也。既赐樱桃于百官，则百官不敢不饱，而又愁其内热暴发，故言御厨中还有蔗浆一物，取其寒散以解热毒。

凡受赐者，不可不知，古人之诗，不徒咏叹而具深义如是，洵非今人所能梦见者。迩日樱桃正在上市，而唐诗或非今人所屑读，故特志之。

原载《申报》1930 年 5 月 3 日第 21 版

荸荠脞话

郑逸梅

荸荠介于果蔬之间，啖之味清而隽，如读韦苏州之诗，沪人称之为地栗，粤人称之为马蹄，古又有乌芋、凫茈之别名。凫茈见《尔雅》，其由来甚古矣，然古人绝少吟咏及之者，故类书中亦不载列，盖无何种故实也。

荸荠产于水田，初春留种，待芽生，埋泥缸内，二三月后，复移水田中，茎高三尺许，中空似管，嫩碧可爱，花穗聚于茎端，所谓荸荠者，乃其地下之块茎也。吾苏葑门外湾村，出荸荠，色黑，华林出荸荠，色红，味皆甘嫩，名产也。

赣之南昌，产荸荠尤多甘汁，据云，不能堕地，堕地即糜烂不可收拾，其嫩可知。面部患癣，可削荸荠而擦之，若干次便愈。又误吞旧时制钱，啖荸荠可使钱下，盖有润肠之功也。

夏日冷食，有所谓荸荠膏者，实则膏中并无荸荠之质汁，乃凉粉之类耳。荸荠啖时，有削皮之烦，于是市上小贩，有削就而串以待买者，曰扦光荸荠，白嫩如脂，爽隽无比，唯小贩往往浸之于冷水中，于卫生非所宜也。

荸荠不易烂，可筐悬于风檐间，以待其干，干后皮皱易剥，味更甘美，亦有煮熟而啖者，亦饶佳味。荸荠色红而透，

上海街头卖荸荠的小贩，1937年

卖甘蔗与荸荠，张亦庵摄影，刊载于《文华》1933年第38期

髹漆木器有色泽红透者，因称之为荸荠漆。

吴俗吃年夜饭，饭颗中必置入荸荠一枚，谓之掘藏，迷财而至于此，是真可笑也矣。吴中有糖食铺，曰野荸荠，颇负盛名。相传其筑屋时，地下掘得野荸荠一，殊硕大可异，因即以"野荸荠"三字为铺号，所掘得之野荸荠，供诸柜间，一时遐迩纷传，生涯大盛，亦吴中之掌故云。

原载《申报》1930 年 6 月 14 日第 17 版

松江黄桃

影呆

松江之鲈，名闻全国，各地人士，殆莫不知之。然松江尚有名物一种，此物外地人士，知者殊鲜。其物唯何？即黄桃是也。松江之黄桃，确为桃之最佳者，惜产数不多，仅见于松地一隅，至沪人则不得一尝其味矣。黄桃色作金黄，间以红斑，一睹其色，已令人可爱。大者如拳，水分充足，味又甜美。每当六七月间，售桃者在岳庙街一带望江楼前，向客兜售，大者每元仅十只，小者二三十只，松人视为珍物，购以赠人，必大受欢迎也。去年秋，有友人欲与余合办黄桃园一所，卒因觅地无着，至今并未进行。春间，曾至南门外某桃园参观，据主人言，每逾熟桃之年，黄桃一株，可获利一二十元，亦可谓厚矣。唯黄桃一物，若移植别处则多变种，此或地气使然，而要亦松江之天然独产也。

原载《申报》1930年7月26日第17版

枸杞谭

清瘫

枸杞一物，为吾邑近日通常素肴唯一之食品，盖春气温暖，而萌芽发育，于斯为盛，乡人担菜入市，几无有弗贝，而获利亦较丰焉。初价格极贵，每两非铜圆十枚，不能得其许可，故老饕家或不惜一购，以尝厥味，而艰于生活者，虽见之不敢过问也。

是物之生，不在原野，而恒在篱边或墙坂间，故非可种植，而摘之者，初亦不易寻觅。邑中产生本不多，大半自太仓转贩而来，以娄人之食者鲜，故得挹彼以注此，而其价乃得渐平。日前入市几于触目皆是，亦可见一方之特嗜已，顾其煮法，亦与他处异。枸杞味苦，且带涩，故虽烹饪名手，亦必加重糖以冀适口，或竟入猪油中熬之，如沪上川闽各馆皆是，不知过于浓腻，即失却本性。是以吾邑但系清炒，纵香菌麻油，且不使加入少许，仅以素油足耳。所不可缺者，则非笋丝附属。其味不美，最忌酱油，如违，即无甘香之性，而忘其固有之质，是非善食此物者。

枸杞，考之载籍，其说不一，本为灌木，《兰雅》云"食其根，能轻身益气"，号为圣药，殆指地骨皮；《本草》有谓"可作仙人杖"者，则以其枝老虬屈，状其形也；或名"天精子",其子色红,亦可作药物用,而不云食其肥嫩之枝叶者。可知食此,不自古时始,而于近代为盛也。然地异俗殊,嗜好亦别,吾邑不知何以喜食者独多,故余特述之。

原载《申报》1931 年 4 月 2 日第 13 版

谈 藕

徐沅花

红花藕中，为避暑清凉世界，而佳人雪藕，尤为涤暑沁脾妙品。往昔余客绿杨城，消遣盛夏，辄一篙逗水，纵舟瘦西湖畔，择荷阴深处，置身万绿丛中，时则爽气迎人，幽香入袖，披襟当风，别有天地。乃就购新出烟波嫩藕，片而食之，凉沁齿颊，足解文园渴病，而对景生情，恍见藕臂半弯，昨宵腻枕，嚼此益津津有余味焉。

藕与有情人之关系，曾脍炙诗人之口，良以出污泥而不染，保持神圣之洁白，适如有情人以高尚之恋爱，清白之节操，打破黑暗艰难环境，立于同一地位；至玲珑心窍，善吐情丝，合体纵分，丝犹连系，其及有情人之"春蚕到死丝方尽"，"心有灵犀一点通"，亦复同病相怜。此藕之所以为有情人珍视，而备作耳鬓厮磨时唯一食品者也。

藕于卫生有大益，城市所售，或绿出水已久，或以气候变化，其觅色香味具足者似较难。食者盛以悬器，纳浸深井，可保存原有风味不少。藕有连理状者，为情侣投赠妙品，不啻同心结子，碧玉连环，唯不易得。又有子孙藕，巨干上丛生小枝，如五子罗汉，情侣每于七夕祭牛女中秋奈月时，供献筵儿，用以祈子祝福。

西子湖藕，与湖光山色，并传佳誉。其藕粉一项，食时拌以冰糖，调以沸水，午昼用代茶汤，功能清肺肠，助消化，驱暑除烦，允为无上饮剂。或以糯米填塞藕孔，煮熟切片，洒以糖料，更以煮藕所余汤汁，煮香稻米作粥，啜藕粥佐以藕肴，香甜可口，沁入心脾，是亦生面别开，可补食谱所不及矣。

原载《申报》1932 年 8 月 12 日第 11 版

上海著名之土产

海上漱石生

　　上海虽为通商口岸，市面非常兴盛，然土产向不甚多。唯七宝及龙华镇之本布，昔为妇女本机所织，著称于时。今利源虽为洋布所夺，乡间已相率停机，然布店中之市招，犹有"七宝龙稀"字样也。又北城内九亩地露香园之顾绣，园主顾绅之妾，昔以善绣山水人物花鸟虫鱼得名，今已事越百年，而绸缎庄及零剪店之顾绣市招，犹纷悬如故，可知其遗风未泯。又小南门口濮氏刀店，善打厨刀，锋利无比，至今名曰"濮刀"。此土产之出于人工者也。

　　地产品为黄泥墙之水蜜桃，尝有《桃谱》。龙华之蟠桃、水蜜桃，亦卓著佳名。惜今黄泥墙桃园已改建市廛，水蜜桃不留遗种。龙华亦桃树日少，闻因年来地价昂贵，种桃每年所获有限，遂皆另营别业。常此以往，龙华桃子恐将徒有其名。唯塌地菘（俗呼"塌颗菜"），叶糯味腴，实为冬令蔬中隽品。以之与冰豆腐同煮最佳，即单煮亦殊可口，与寻常之菜大异。且此菜不能移植别邑，移则必茎叶暴长，形与味俱失其本性。犹橘逾淮而为枳，物理上具有变化，亦本乎土性使然也。

　　又有银丝芥菜，叶细茎嫩，亦为土产中之美品。以冬笋片与香蕈冬菇等煮食，酸而且辣，爽口非常。罗汉菜出南翔镇，离沪甚近，杂橘皮、橄榄同腌，嗜食者谓别有风味。居人切水萝卜成小方块，渍以糖醋与盐，食之爽脆，曰"春不老"。又于冬令以豆腐杂冬笋、橘皮、香菇，制腊乳腐，亦为当地土产。

佘山兰笋，刊载于《时报》1934年4月29日

水产物则为虱蟹，仅春分后清明前有之。双螯八足，状与螃蟹无异，唯小如豆瓣，故不能去壳煮食，只供以酱油、酒、葱姜末同渍，如炝虾之堪以下酒。其味甚鲜，或聚群蟹舂成烂酱，沥出其液，与生鸡蛋捣和，摊成蛋皮，曰"蟹腐皮"，

味更鲜美。亦可与鸡蛋捣和，煮蛋花汤，足供下饭。不过清明后即无此物，其时间先后仅半越月耳。至于静安寺内，昔日有虾子潭，及门外有泉，曰"涌泉"，其泉脉通寺畔诸河。昔时河中所产之虾，皆无虾芒，甚为奇特。今泉已久连，污浊不能供饮，各河道亦俱填塞，不复产虾。此无芒虾，遂仅存其名，不可得见矣。

原载《金钢钻》1933 年 3 月 24 日

上海著名之食品

海上漱石生

上海著名食品，筵席中昔为馆驿桥浜人和馆之三丝三鲜，租界石路新新楼之烧鸭饻饻，法租界大马路鸿运楼之红烧及清炖鱼翅，南市如意街大舗楼徽馆之炒鳝糊、红烧羊肉、羊糕，城内老县前陶家饭店之竹笋炖腌鲜及炒圈，蔓笠桥生泰之酱汁肉，其烹饪得法，皆颇脍炙人口。

点心中则邑庙东辕门口之馒头、三牌楼之汤团有抽筋菜馅者，为别店所无。昼锦牌楼饼摊之萝卜丝饼、陆家楼丁复兴及西黄家弄薛永昌之香糟面筋、邑庙西六露轩及小南门外大街小寡妇家之素面、租界盆汤弄先得楼之红烧羊肉面、宝善街春申楼之春卷及各种炒面等。

糕饼中则为小东门外野荸荠之肉饺及酒酿饼、县西街高桥店之高桥茯苓糕、外郎家桥北块五昌石柜台之薄脆、郎家桥大街孙春阳之人物雪片糕、县西街光饼作之光饼（即小儿所食之整串香脆饼，为戚继光将军征倭，便于军中携带而制，后世仿之，故曰"光饼"），亦俱卓著盛名。唯薛姓卖糕人所制之薛糕，则余生也晚，仅闻其名，未之或睹。

其属于小吃者，则城隍庙头门口常州酒酿店之酒酿，一曰"松盛"，一曰"桐椿"，口味相同，生涯乃亦立于相等地位。长生桥塊锦记栗子摊之糖炒栗子，其人竟以业此起家。租界麦家圈绮园烟馆门口之栗子摊，亦颇有名，然相较略逊。南市外咸瓜街洪万珍福建店之咸炒花生及猪油米花糖，购者门常如市。邑庙花园内卖糖阿四所制之褪衣胡桃糖、褪衣椒盐杏仁、绣鞋底熏笋，无人可与抗手，阿四乃得终身温饱。今越时久远，凡曩日著名者，太半已成过去时代。而后来居上者，如豫园钱粮厅前之平望面筋，竟夺糟面筋之席。乔家栅之累沙圆，近数年颇声名大噪。西门内文庙弄，有人创制一种脆盐豆，香而且松，不数年风行于时。五马路王大吉门前之臭豆腐干，年来亦有人交口称誉。可知著名之品，皆在人为，新陈虽有代谢，而实至者名自归之也。

原载《金钢钻》1933 年 3 月 25 日

枝头梅熟

茸余

这几天斗室小坐，听得街头唤卖梅声。想起了梅的形状和味道，真觉得流酸四溅，馋涎欲滴。梅子这东西，古人想必拿来代醋用的。所以《尚书》上有这样两句话："若作和羹，尔惟盐梅。"

梅子青的时候，酸而脆，可以做梅脯。此外还有几种食法：以白糖溶化，涂在梅的四周，叫做白糖梅子。把梅子在盐水内渍透，蘸以甘草末，叫甘草梅子。把梅子浸在蜜糖内，叫做蜜饯青梅。

梅子黄熟，酸味略减，可以做梅酱。先把黄梅捣烂，略渗以盐，以去苦味，然后和糖在釜中煮透；有的不煮而用日晒，那却很费时日。梅酱中掺些玫瑰瓣、紫苏、姜芽，风味尤佳。

女子喜食青梅，孕妇尤嗜之。昔人有咏孕妇词，中有几句道："终日贪眠作呕，欲说又还害羞，含笑问檀郎，梅子枝头黄否？"何等蕴藉，何等逼真。

"黄梅时节家家雨"，这说黄梅时候是多雨的。"梅子黄时日日晴"，那却不对了！说天气是很好的。到底是晴？是雨？我们从哪一个好！幸亏有一个骑墙派诗人，把这段纷争解开，说道："熟梅时节半阴晴。"

栽梅须六年方结实。人图近利,往往栽桃,因为栽桃只须三年。可是据冠生园主人冼冠生先生说:"因为梅脯和陈皮梅的销行,实觉得产梅的不够。希望栽果园者,多种些梅树,那才不愁缺货咧!"的确,现在市上的桃子很多,名式也很繁,因此价也跌了。而梅子呢,却不见有什么新花样出来。希望人家多种些梅树,花时像一片雪海,果时像倒翻醋瓮,真是有味咧!

原载《申报》1933年6月6日第14版

退醒庐余墨

海上漱石生

虮蟹

虮蟹为上海之水产品，每岁阴历清明前有之，八足双螯，壳作深青色，其状俨然为蟹，唯小如豆瓣，不足以供擘食，可用麻酱油及陈酒醉食之，稍少糁以胡椒，以解寒性，其味较醉虾尤鲜。又有一法，则连壳捣之成酱，以布滤之，将其澄清之汁，与生鸡子捣和（鸭子亦可），入锅内摊成蛋皮，曰"蟹糊皮"，以酱油醋蘸食，味胜蛋皮十倍。又与蛋同炒，曰"蟹糊蛋"，以之作汤，佐以蛋花，曰"蟹糊汤"，味亦甚隽。唯此物随潮来去，为日无多，大约自春分前后起，为产生之最盛时期。渔人于潮过后，至滩畔捕之，累累皆是。逮一过清明，即遍捕不得。故凡欲尝此异味者，一年之中，只有此十数日可得，否则须待来年也。

蝛螯

蝛螯状如螃蟹，唯其气甚臊，故不可食。老而其壳红者尤甚，渔人辈无捕之以出售者。唯松江有炒蝛螯，则视为美味。法以蝛螯之螯，取其肉而烹之，加入姜末、酒、醋、酱油等物，使五味调和，食之其鲜殊甚，几与蟹肉无异。长桥堍之连顺馆内，昔时以此著名。或谓蟚蜞本亦可食，每年秋冬之交，江北人以清盐腌之，运销于沪，曰"咸蟚蚏"，嗜食之人甚众，无有厌其臊者。然亦有人言此系蟚蚏，虽状与蟚蜞无二，其实另为一种，非若松江之蜞螯，则实系蟚蜞云。

四鳃鲈

松江之四鳃鲈，为当地水产中之特品。缘各处鲈鱼皆只两鳃，此独有四也。然闻之松郡人言："亦只大涨泾一带河中有之，此外每仍两鳃。"于是物罕见珍，此鱼人益视为佳品。食法红烧、白煮均可，而以之作汤尤鲜，鲫鱼塘鲤鱼应愧弗如。糖醋烧亦较鲦鱼为美，无怪张翰思归，"见秋风起而忆及之"。按鲈鱼有银鲈、玉花鲈各种，巨口细鳞，色白而有黑点，大者至一二尺。每当春水涨时，逆流而上。至秋则入于海，不复可得。此四鳃鲈，状与土附鱼相似，其大仅五六寸，产于秋后冬初，实为另系一种。而鱼当出水之后，若欲令其不死，以之馈送远道戚友，须纳蒲包中以砻糠裹之，则可历两三日之久，其法殊为特别也！

鲥鱼

鲥鱼产于江中，以浙之七里泷一带者为最佳。因江水澄清，故鱼味尤为鲜美也。余尝与郁倩、葆青等，泛舟游富春江，意欲沿途于渔船上购之，即付舟子烹调。虽此鱼出水即死，然甫出水与久经离水者有异，其味当必较胜。乃以时在暮春上旬，江中尚无此鱼，不能快我朵颐，殊憾虚此一行。会鸣社周辨西君，在江阴值社，邀食鲥鱼。鱼大约二尺许，盛鱼之器，巨于盛鸭之鸭船，实所仅见。而鱼味之佳及其脂肪之厚，觉上海所食者，妄得有此。后姚劲秋君在镇江值社，以焦山湾之鲥鱼饷客，大与江阴之席间者等，味亦饶胜。余谓鲥鱼宜清蒸食之，最有至味，红烧者已失其真。若西餐馆中之煸鲥鱼，更为无谓。且此鱼应时而生，吾侪宜不时不食，冰鲜者无须动我食指，不知老饕家然我言否。

剡鸡喜蛋

绍兴有著名之食品二：一为剡鸡，一为喜蛋。余于鸣社在兰亭叙餐时，皆曾食之。剡鸡乃以雄鸡宫之，故鸡身较大，肉嫩而鲜，果为精品。无论红烧、白炖、腌食、白斩，皆较常鸡为美。喜蛋即俗所谓孵胎蛋，人言食之大补，可治虚痨等症。然每蛋皆已成胎，且有毛羽已生，将次化雏者，余见之殊不忍下咽。而是处人则坦然食之，不以为意，殆习惯自然，或以其能滋补之故欤。按绍兴尚有炒豆栖一肴，乃以豆栖为之，豆栖别处不食，类皆以之饲豕，此则五味调和，列入馔品，食之殊不知为豆栖，犹上海之南瓜（一名饭瓜），城中人皆和以白棉虾、毛豆等煮食之，而乡人亦以之饲豕。盖无人研究烹饪之法，乃有药物耳。

谈菱

菱之种类不一，约计余之所获啖者，有红菱、青菱、乌菱、泥菱、沙角、圆角、草场浜、馄饨菱等甚多。红菱、青菱，俱宜生食，既嫩且甜。即偶尔入馔，如炒杂锦等菜用之，亦须半生半熟为佳。乌菱、泥菱，俱即风菱，宜于熟食，且愈老愈耐咀嚼，与红菱、青菱适得其反。沙角菱、圆角菱，亦宜食其老且熟者。草场浜菱产自松江，肉糯而香，煮食之别饶隽味。馄饨菱以嘉兴南湖所产者最佳，凡夏秋时游烟雨楼者，必购食之。盖烟雨楼在水中央，此菱生啖可熟啖亦可。生者采得即剥，味较鲜甜。熟者出锅即食，热而肉质较松也。然忆余四十年前，尝游金陵元武湖（即后湖），彼时斯处犹人烟稀少，风景独幽，湖中备有小舟，供客泛游，而无舟子，须自行打桨，满湖翠盖亭亭，红衣冉冉，皆为荷花。水面则遍浮小青菱及鲜鸡豆（即芡实）。鸡豆不能生食，无采撷者，菱则任客饱啖，其味与南湖菱相伯仲，允为隽品。今此湖已为五洲公园，荷花犹似昔日，而菱芡则不多见，即见亦不能自采矣。

谈水蜜桃

桃子各地皆有，而上海之水蜜桃，昔最著名，以汁多如水，味甘如蜜，故以水蜜名也。水蜜桃产于黄泥墙桃园，主人卫氏，耕读世家，精植物学，栽培合度，每年结实累累，桃熟时门常如市，尝刊有《水蜜桃谱》行世，谓桃上有红色鹅毛管圈者尤佳。无如世事沧桑，光宣后是处人烟日盛，地价日昂，不特种桃不敷开支，抑且园中空气窒塞，各树有日就憔悴之虑，乃决意辍种，将园址改建市房。而水蜜桃遂只龙华有之，黄泥墙者已不可得。其实龙华蟠桃固佳，若系寻常之桃，殊难副水蜜二字。因忆昔黄碛玖君，缘闻直隶深州产桃，较黄泥墙者尤胜，托人采购百枚至沪，虽以为程过远，可食者仅十有余枚，其余皆已溃烂，然此十余枚之桃味，果汁浓而甘，且入口即化，等于食蜜也。又近岁市上盛销之宁波奉化桃，亦足与昔之黄泥墙桃相埒，是则今后水蜜桃之名，窃谓深州、奉化二桃，皆可起而代之也。

谈荔支

昔苏东坡有诗云："日啖荔支三百颗，不妨常作岭南人。"苟非广东荔支之美，曷能使髯苏心折若此。余恨未游五羊城郭，不能饱啖当地佳果，所食者只由轮舶运来之品，一缘为日已久，失其真味；二则黑叶荔已为无上上选，其他皆不甚出境，非在粤中莫食耳。老友许月旦君，宦游百粤甚久，为余言荔支之最名贵者，为增城县之"挂线"，每年所产不多，昔时县令盛以锦盒，馈送上官，每盒仅有二枚，最多十盒八盒，若朋辈相贻，则一二盒，故许君在省所食，频年不及十枚，其难得可知。此外佳种，则为"糯米糍""桂味"二种。

糯米糍肉厚核小，入口柔滑；桂味肉薄而甘，核有大小二种。二者若以相较，可谓之二难并，沪上不甚获见。"黑叶"出自高州，固较之状似荷包之"大荷包"及颜色最鲜艳而味则带酸之"妃子笑"，俱高出一筹。然犹不足以称极品，是则荔支洵种类繁多，江南人欲遍尝之，惜乎其无此口福也。

谈甘蔗

甘蔗亦产自广东者佳。长可七八尺，其节甚稀，皮如苍玉。食之至根愈甘，真如渐入佳境。余虽未尝至粤，然蔗性耐久，凡运沪销售者，色味俱未或变，故每岁得尝之也。产福建者曰"糖蔗"，种以制糖，其甜亦可想而知。产浙之塘栖镇者，

卖甘蔗的小店

为红皮蔗。余至超山探梅，道经塘栖，曾亲食之。长仅三四尺，味较淡而其质殊嫩，且厥价甚廉，亦不可谓非隽品。若上海则素非产蔗之地，昔时乌得有此？乃客岁余偕薛子寿龄、汪生仲贤，游漕河泾之冠生园种植场，见有蔗田甚多。所植皆粤来蔗苗，已颇发荣滋长，大可供人咀嚼。场主冼冠生君，令场丁锯以奉客。既嫩且鲜，啖之若饮甘露，堪云得未曾有。此后佳种流传，沪地亦有粤蔗，不俟间关千里，跋涉而来。苟非冼君精心创植，曷克臻此。乃知事在人为，虽远道物，亦能使当地产生，不以区域限也！

谈西瓜

西瓜为消暑美品，嗜食之人甚多。然以盛夏为宜，食时且当饮汁吐渣，以免肠胃间或致黏滞，发生变化。若一至深秋，则卫生者每戒食矣。上海之西瓜，同光间喜食大红瓤，老虎黄瓤者次之，白瓤又次之。淡红者曰"土地面"，淡黄者曰"檀香"，白而不甜者曰"白葫芦"，皆在弃置之列。同治后忽屏食红瓤，群嗜老虎黄。旋以三林塘乡所产之蝴蝶子雪瓤瓜，汁甜皮薄，胜于他瓜，乃咸喜雪瓤，于是大红瓤鲜人过问。宣统间别有一种长形之枕头瓜者，黄瓤居多。购食者颇不乏人，然究不敌三林塘瓜。既而又有一种小长圆之瓜出现，俗呼曰"马铃瓜"，或美其名曰"哈密瓜"。瓜质虽甜，而价值较贵，以是初时购者不多。今呼作"浜瓜"，售价稍廉，而销场乃渐盛焉。按西瓜市价，在二十余年以前，最廉时每百斤仅钱七八百文，最昂不过钱一千二三百文。自改售洋码，乃始日渐增涨。第种瓜及贩瓜者，因生活程度日高，反不如昔日之易于获利也。

谈藕

藕，托根淤泥之中，而洁白其质，甘和其性，以与世接。功能和中理气，涤暑清心。且煮熟食之，可以充饥；磨粉食之，可养营卫；捣汁食之，可治血症，其为用尤殊浩大。矧其本身为藕，而产生者有荷花、荷叶、莲蓬，藕节，足以入药。荷叶、荷梗、荷叶蒂、荷花瓣、莲子、莲须、莲蓬壳，亦何一非药笼中物。藕丝更可备制造印泥之需，堪云无一弃物。植物学中益世之品，当推无过于此。产地以苏州之荡口为最佳，质嫩味甜，他处较逊。若西湖荷花虽多，而藕则绝鲜有出售者，故世称之西湖藕粉，其实皆购自外来，西湖其名目而已。北平什刹海之藕，亦为名品。辛卯秋，余在北平曾食之。然质殊较老，嚼之觉有渣滓，且削出后肉色微黄，不如荡藕莹洁，当系地土关系也。

原载《金钢钻》1935 年 5 月 15 日

藜照小录

郑逸梅

馄饨什九为肉馅，以肉贵乃杂以荠菜，盖咸食也。然亦有以豆沙及枣泥为馅者，进之甘芳可口，别有风味。先母在世时，常以杜裹馄饨饷予及弟润荪，往往为之尽二三器，今则先母见背，物值又昂，欲谋朵颐大快不可得矣，思之慨然。

破鸡卵壳，水煮之而和以糖霜，味亦隽美，如加少许酒酿，尤佳。

予慕哈密瓜，颇以未得一快朵颐为憾。诵袁简斋书札，一再述及是瓜，此老口福，毕竟胜人一等，安得不令饕餮之予为之垂涎三尺耶！如答陈舒轩云："蒙惠哈密瓜，八达杏等物，邵平老矣，犹分塞外之甘；小宋依然，重啖琼林之果。"又与奇丽川云："见赐哈密瓜一枚，重封叠裹，冬月如新，劈以金刀，现绿衣黄裳之色；盛于碧碗，胜琼浆玉露之供。路重万里而来，恩比三山之重。"哈密瓜之名贵可知。李伯琦丈为合肥相国之后，席丰履厚，四方珍错无不尝，却亦只闻哈密瓜之名，谓是瓜人只得啖一二片，不能饱进，甜过甚也。其汁流出，须臾凝结如白霜，含糖质之厚有如此。

仲祜丈于典籍中见载白芨之功用，乃向药铺购白芨末与黄豆粉拌食之，试之累月，效大著。盖食不干燥，两手腴润，而精神焕发，治事不倦，认为最适宜之补剂，非参芪可及也。

原载《万象》1944年第3卷第8期

宴 游 逸 趣

清道人逸事

寒山

临川李梅盦先生，以逸才清节，名重一时，世所称清道人是也。顾好饕餮，多食而肥，猝中不起，病从口入，信然。

道人有李百蟹之称，尝叩之道人小阮仲乾同社，答谓良信，某日与樊山角，樊山食至三十余，已觉无肠公子，在其肠中大起冲突，立竖降幅，敬告不敏，而道人从容谈笑，若有余味，面前蟹壳，堆积如山，樊山数之，适符百数，百蟹之名，因以大著。

道人在宁时，尝于暑日折柬邀樊山小饮，比至，仅设一菜，凉拌麻酱嫩鸡丝也，樊山食之而甘，谓同一洋菜，何制之精而味美若是？道人笑谓，此洋菜来自燕子龛中，故特具异味耳，盖以燕窝百制而成者也。

又尝手制咖啡茶饷客，客竟索其咖啡茶，啧啧不去口，实则以锅巴炒焦烹茶，非真咖啡也，此二事宁人传为佳话。

沧桑后，鬻书海上，日必过小有天酒肆。小有天烹调退化后，乃至陶乐春。其新发明之食谱，有奶油凤尾羹，取莴苣为之，其味清腴而色绿润可爱；有葡萄酒烧肉，极色香味三者之胜；最珍异者曰珍珠笋，取极嫩之玉蜀黍切片为之，颗颗珍珠，匀圆玉润，但闻其名，已觉温馨酥润，春满朵颐，不必入口大嚼，方为知味也。道人又喜啖豚蹄，每食必尽两肘，置酒坛中制之，火候功深，方事浅斟低酌，觉东方生、樊将军之流，仅知拔剑割肉者，殊有几分伧气矣。

原载《明星画报》1925 年第 7 期

海上闻见录

吴增鼎

　　静安寺与愚园路之间，为凡有乘汽车而兜风者之的，每当夕阳乘堕，晚暑未消，或零露深宵，月华似水，轻车一抹，有女同乘，绿荫芳尘，香云掩映，一路自泥城桥静安寺路而西，至于静安寺前，宛然骊山辇道，阿房宫堤，身临此境，仿佛登仙也。此间有售茶点之店两所，小院青莎，可资坐卧，幽窗电扇，拂拂生风，加以雅洁之冰麒麟，香甜之饼果，下车小憩，人坐笑语，啜玉露而饮琼浆，觇参横而俟斗转，于是燕散莺飞，缓缓归去，此所谓坐汽车与吃冰麒麟，消夏乐事中之两绝也。而静安寺之兜风俱得之，以故及时行乐者，络绎而往焉，尤多北里中人，往往昵其稔客以从，而赋同车之什也。

　　海上食冰之处，有冰麒麟、刨冰、冰汽水及果子露、牛奶等等，一杯入口，齿颊晶然。夏尘嚣热之中，途人过冰帘之下而趋之者，仿佛旅行沙漠而得水草，大有不能不入门大嚼之势。

　　吾友瘦鹃亦喜之，特购冰麒麟桶一具，与各种造冰麒麟之原料，以备自制而大食之。辛酉之夏，一日星期，君大散柬帖，遍邀朋侪作食冰之会，余亦预焉。冰麒麟既成，咸探匙于桶中争攫之，直如饿马奔槽，顷刻而尽。然冰稀而易溶，绝不类市上之坚厚耐久。君亦自谓百制不曾得一佳品，唯足以凉润口腹，不异于市，尚可不负诸君一番奔走之劳耳。

年华逝水，一瞬数年，人事沧桑，不知几经变幻，临池追想，感慨系之，唯君制冰手术，想当大胜于前矣，行见有以饷我也。

原载《申报》1926 年 7 月 13 日第 17 版

三角小菜场巡阅纪

碧波

友联、东方两影片公司，近合组一轮流聚餐会，入晚众肴既陈，箸匙斯举，载食载言，畅供饕餮，乐事亦趣事也。其组织法额定十二人，先拈阄分任值场日程，并有附律三：

（一）当临值之日，须自为治炊，不得倩人代庖；

（二）后者之肴馔，不可与前者雷同；

（三）至少须具六簋，以八簋为止。

予拈得第八，因于初八日行之，特第一苦事，为已有五十余色，被人先治以去，不得不踵事增华，俾避剿袭，而冀邀众赏焉。

凤闻我家卓弗灵云，吴淞路之小菜场，为全沪之最伟大者，场内花色全备，尽人恣意遴择。斯日既为予轮值之期，因黎明即起，偕庖丁同往，彳亍道周，觉平日之气，颇足资人营养，唯沿途排泄物车，时透异味，中人欲哕，为可憎耳。

场之位置，在吴淞路汉璧礼路[1]口，纯用水泥建筑，分三层，内部井井有序，亦如百货商店之分类出沽，以猪肉之砧台为最多，栉比若列肉屏之阵，地上水流如小渠，入场内

1.编者注：汉璧礼路即今汉阳路。

者莫不蹚雨鞋。予依庖丁嘱，幸早易革鞯，得左右逢源，而未湿我袜。市声喧嚣，聒耳欲聋，蓦见一摊，陈群蛙束以芦苇，蛙突目鼓气，似极怒人类之残酷，无辜被缚，挣不得脱，既未能活跃，又嚓不屑鸣，为状乃如英雄之被絷，世无勾践，我为群蛙伤已。

虹口菜场

旋市得鱼肉虾鸡各若干，付庖丁先携归。乃登二楼，则见笋、蒻、芹、芋，尽系园蔬，再升至三楼，纯为点食之摊，有一品春、广记等起码番菜席，七叉瓶盘，规模不亚于馆中，值又廉低，所以就食者蓁众。周览一过，巡级径下，经屋角，另有和国干肴列陈于此，木屐儿高髻妇，争相购取，由是可见他邦人士之金能自爱其国也。

食单附后：

任彭寿制：清炖鲥鱼、芥辣鸡、红烧大转湾、红烧牛肉、油余虾。

葛耀庭制：红烧笋肉、清炒鱼片、炒鸡什、红烧明虾、红烧田鸡、笋片猪脑汤。

方尚约制：粉蒸肉、茭白炒虾仁、炒鸡片、黄瓜塞肉、鸭掌汤。

文逸民制：溜黄菜、煎白鱼、炒鸡丁、素什锦、蛤蜊汤。

陈铿然制：炸虾球、西红柿牛肉丝、冬瓜蒸鸡、鸡丝拌洋菜、炸鸡块、鱼片蛋、炸猪排、豆腐羹。

徐琴芳制：猪脑豆腐、黄瓜油爆虾、栗子鸡、菽米鸡绒、毛豆炒素鸡、冬瓜火腿汤。

吴廷芳制：炒蛏子、清炖鲫鱼、红烧鳜鱼、白蹄鳝糊、白肚、肉松炒蛋。

徐碧波制：红烧蹄子、醋溜黄鱼、虾仁火腿炖蛋、百叶包鸡虾肉、干贝火腿蛋、鸡豆汤。

任彭年制：红烧鲫鱼、白烧鳜鱼、发酵蛋、冻鸡、水参火腿汤、鲍鱼士件汤。

钱雪飘制：红烧狮子头、清炖黄鱼、虾子海参、虾子豆腐羹、炒三鲜、青椒炒肉丝。

梅隐制：北京肉饺（以醋蘸食，别饶风味）。

王黑蝶制：炒腰片、红烧青鱼划水、炒肉片、走油蹄子、麻菇肉片汤。

谨以此单示饕餮家，其亦垂涎三尺有半乎？

原载《友联特刊》1927 年第 3 期

吃看并记

瘦鹃

　　老饕爱吃，肚子里的一张食单，五花八门，什么都有，却只有俄罗斯菜，付之阙如。老友慕琴、光宇，都说俄罗斯菜别有风味，什么汤里的牛排啊，牛排之外再有牛排啊，说得津津有味，但我总没有尝试过。前天《新闻报》记者潘競民先生忽然寄来一张请柬，代哈尔滨俄菜馆请我大嚼，我食指大动，便牺牲了巴黎饭店的一顿，远迢迢地赶去，这夜因为凤君要看卡尔登的时装展览，为便利起见，便同去叨扰。同席的大半是新闻记者，女客除了凤君外，只有李公朴的未婚夫人张曼筠女士。

　　食堂中布置很富丽，一面还有一只音乐台，有一个俄罗斯人在那里拉繁华令[1]，一个穿红衣服的妇人弹悲婀娜[2]，铿锵动听。临时有客串的，有音乐家仲子通君自弹自唱，并競民的京剧《受禅台》，又与何西亚君合唱《捉放曹》，用繁华令、悲婀娜相和，很为有趣。大家要余空我君唱《六月雪》，许窥豹君唱《南天门》，不道两君面嫩，都不肯使我们一饱耳福，只索性饱饱口福了。

---

1. 编者注：繁华令即英文 violin（小提琴）的音译。
2. 编者注：悲婀娜即英文 piano（钢琴）的音译。

说起口福，确实福如东海，几样冷盆，装潢得何等美丽，一只野鸡，栖在大盆子上，昂起了头，仪态万方。我们可以动刀动叉，在它的背上割肉吃，其美无比。两碟子冷羊肉，一些儿羊骚气都没有。其他如冷鱼、冷龙虾，无一不美。几道熟菜，以焯鱼与俄式鸡排最可口，而末尾一道糖丝冰忌廉，也做得十分地道，市上不大吃得到的。酒有红酒、香宾酒两种，真是尽吃喝的能事了。饱饫之余，须得谢谢半个主人潘赣民先生。

出了哈尔滨俄菜馆，恰恰九点钟，便与凤君上卡尔登去。这天鸿翔时装公司加入时装表演，所以宾客很多。我和独鹤、曼陀、剑侯等同坐一桌。乐声响起时，第一节便是一张画幕，张在台上，画中有一队乐师，一女而五男，模样儿各各不同，嘴部镂了个大窟窿，人便隐在画幕后歌唱，大家见真人而只见画上嘴动，耳中听着绝妙的乐声歌声，真是别开生面之作。跳舞除了交际舞外，有男女两人合演的俄罗斯舞，如龙飞，如凤舞，极为美观。又有六对男女合演的一节，也浪漫可喜。时装表演，共有三个西方大美人，以福森女士的丝银白料晚衣和白绒白狐领开披为最美，两位中国女士，也凌波微步的，在场中往来走了一趟。我很赞美汤让蕙女士的黑纱丝绒舞衣与黑丝绒披肩，穿在身上真好似一朵黑牡丹啊。

夜过半，方始尽兴而归。这一晚的吃与看，不同寻常，也是值得一记的。

人生多烦恼，劳劳终日，无可乐者，愚生而多感，几不知天下有乐事，所以引为乐者，吃耳。海上餐馆林立，颇难判其优劣，其在愚吃之历史上，有可记之价值者，则去岁杨耐梅安乐园酒家之五十元席，与月前华新公司之共乐春一宴，足快朵颐。以言私家名厨，则中南、金城二银行，皆有淮扬佳肴，百啖不厌。舍是以外，则马兰记、马永记、宋贵记诸厨房，亦颇不恶也。西餐则大华、理查德，自有佳品，麦山尔之纯粹法兰西风味，亦能独张一军。王茂亭君家有庖人，能制法兰西菜，弥复可口，愚尤喜之。以言家常便饭，足恣老饕饱饫者，则惠而康之每餐十道，足当价廉物美之誉。每星期四与星期日之旁贝黄饭，每星期二五之火腿鸡布丁，俱有特殊风味，为他家所未备者。以言点心，则大中楼之砂锅馄饨，四五六之烧卖、枣泥饺，精美之野鸭面，惠通粤南安乐园之粤点，皆可一吃也。

一日晤老汤友韵韶君，江小鹅君亦在座，韵韶善谑，笑顾小鹅曰："吾将与君等之云裳公司为邻矣，小店牌号为师姑斋，云赏其易名为和尚堂可乎？"小鹅大笑，愚瞠目不解所谓，以问小鹅，始知韵韶与蔡巨川、吴六宜诸君合设古董肆于云裳之贴邻，揭橥其名为"师古斋"，顾韵韶以师姑和尚为戏也。越日，过云裳，访韵韶于师古，韵韶御中山装，威仪赫奕，与四壁琳琅，相映成趣。古书画数百幅，多名家作品，足资观摩，其他名瓷珍石与汉代宝玉，无不具备。而观光之余，尤令人深印脑府，念念不忘者，则有汉代之大铜鼓一具，为白下丁园宝藏之物，名流谭延闿等尝叹为稀世之珍，影而去，值二万，不为贵也。又西太后鼻烟壶两具，以竹为之，可折叠，镂工极细，至可把玩，值八百金。家藏鼻烟壶者，必且目此匣为瑰宝矣。又湘妃竹扇五十柄，为某君祖遗珍物，扇面书画，均出名家手，五十扇索值三万，概不拆售。扇骨光泽无匹，竹斑尤美，殆真有湘妃当年之斑斑血泪，濡染其上也。观赏久之，恋恋不忍去，归而记其崖略如此。

吾家楼窗外有广场，凌晨即闻角声呜呜作，而一二三之声，即继之以起，盖有军士在此做早操也。愚每闻此一二三之口号，辄联想起四五六。四五六者，吾友杨清盘、顾苍生二君与党部诸君子合组之一食品公司也。其地在南京路抛球场与画锦里之间，正为吃喝衣着荟萃之所。四五六崛起其间，以维扬名点川中佳肴为号召，大足使贪吃贪喝之上海人食指大动，而趋之若鹜焉。

月之二十有九日，为开幕之日，先一日折柬见邀，因欣然往。门首垂黄色花灯一串，凌风招展，似盘折以迎客者。两玻窗中，陈果品数事，双橘半绽，露其瓤，位置亦复不俗，仿佛名画师之静物写生画也。入门见玻案藤椅，洁无纤尘，与糊壁之纸色泽相称。中央有梯，以达楼心，梯之栏，亦有特别装点，如嵌以巨之骰子，谛视之，则四五六也。楼首有革制雅座，坐之滋适。每一几上，陈调味之瓶，与插花之瓶，瓶中黄菊一枝，姹娅欲笑。环顾四周，颇富美感。脱肆中司事与奔走伺应之侍者，亦一一易以女性者，则此四五六美具难并，可谓美的食品店矣。

清罄命侍者以点心来，已而热气蓬勃之甜咸包子，已举呈于前，时愚方饱食，浅尝即止。其食品单中罗列点心十余类都一百种，中如翡翠烧麦、蝴蝶卷子、汤包、螺丝馒头等，皆新颖可喜，殊足使老饕见之垂涎焉。据清盘言，其三层楼上，拟再自出心裁，加以布置，四壁绘壁画，全用图案，丛花之间，辍以金鸟，而鸟喙衔一玉钩，钩上悬名画一帧，四壁可悬十余画，皆精选者。所陈几案，悉特制，极娇小玲珑之致。此室专供设宴宴客之用，度必为一般雅人所乐闻也。（唯何日始能布置就绪，刻尚未定。）座有名画师唐吉生君，倾谈至乐，越一时许，始道谢兴辞而出。

原载《上海画报》1927 年第 307 期

司席阿席欢食记

程志政

　　一昨之午，余方自沪归校，役人入告，谓同文书院，迭电相邀，余当时不审有何重大事故，因急赶出，至该校晤顾君休祥，始知今日为同乡例会之期，余仓卒间几忘之矣。是会成立，远在二年前，当时范围，仅就南通平潮一镇在沪之学友而设，人数虽仅十余，而亲密则视任何乡会为有加。时先余而至者，已有胡、徐、李、韩、邵、钱诸君，他乡游子，萃于一堂，其欢愉自不待言。席间推定下届会长为胡望之君，并议请在沪任职之顾、柯、顾等三先生加入为本会会员。未几，金乌西坠，华灯上矣，同人素主浪漫，因议所以大嚼之方。余谓西菜中菜，虽属可口，然食之久矣，可否另筹一别开生面之食法？顾君曰，有矣，食"司席阿席"可也。余等咸瞠目不知所谓。顾君曰，此乃日本食法也，法以各种原料集齐，五人为一组，各据一炉，自任烹调，随烹随食，至为可口。众咸赞同，旋即开始工作。同人等埋首书案，中馈之事，向所未及，初试手段，大有手足无措之概。日人食物，每善用糖，于是一锅之中，糖也、酱也、肉也、蛋也、菜也、豆腐也、日本菜也，以及面饭等等，悉在于一小锅中，立而啖之，其乐无艺，随尽随益，至快朵颐。盖以自任厨司之职，而又烹此新奇之食物，自愈觉其亲切而有味也。余等每组各有原料一盘，五人食之，仅去其半，胡君高呼继续努力，而众已不能胜矣。然据顾君云，此等一盘，日人一人食之，尚虞不足也，登司席阿席之不宜于中国人乎。餐毕，众议出会刊一册，以为纪念，而以编辑事责余，不久当可出版。时已近九时，诸友有道远者，皆欲归去，凉风袭人，神思一清，濒别，犹相告语曰，幸毋忘今日之司席阿席也。

原载《申报》1927 年 12 月 1 日第 17 版

翡翠开筵记

白沙泪痕

爱多亚路大中楼菜馆，为吾友邵子亦群所设，以善烹屯溪特馔炒锅馄饨，驰名于沪。最近复有翡翠馄饨之发明，味极清香，于溽暑中食之毫无油腻气。一昨承邵子之召，得大快朵颐。到者均属《礼拜六》报馆同文，炎威虽盛，兴致颇豪，因熟不拘礼，趣乃百出，爰特纪之，以饷阅者。

田寄痕扶杖赴宴 我侪之得斯宴，实相寄痕一言之力。先是上星期六，田子宴同文于中西菜社，邵子适亦在座，谓渠楼有翡翠馄饨之发明，希望同文，广为宣传，田子莞尔曰，须先饷以风味，邵君慷然曰，六日请来可也。讵是日寄痕脚趾上忽起一小疹，痛不能行，徒以主人盛意难却，遂扶杖莅宴，平添侪辈兴致不少。

吴莲洲捐水蜜桃 亦群为节省时间计，乃约定赴翡翠宴者，须于七时前到齐，后至者须罚一元以请客。莲洲先生以诊务鞅掌，故迟到一刻钟，主人议罚，先生乃慷然出一元，并谓区区之数，无论作何用场，凡列席者均须享同等利益，方不枉费。爰由天白、定盦、古莲、亦群、天翁、寄痕建议添肴，陈觉是乃想发横财，竟主购彩票，余则主逛神仙世界，莲洲均不以为然，最后表决，遂主买水蜜桃，人得一只，啖之弥香。蟠桃献寿，在昔播为美谈，莲洲将于下月做寿，我侪得先食寿桃，敢为先生预贺。

吴天翁被罚不轮 天翁系与莲洲同至，照规亦应罚一元，乃军法官之态度，不与人同，未肯轮将，主人亦无可奈何，经在座者再二申罚，天翁乃曰："莲洲一元，诸子已饱啖水蜜桃，区区一元，无论作何用，皆难利益均分，我今想着，不若购痧药水一打，则人得一瓶而有余，酒后食之可免发痧。"斯话甫毕，举座乃大哗笑，天翁之滑稽，可谓谑而虐矣，此一元之罚金，乃于哗笑声中而作罢论。

邵亦群请题翡翠 席既阑珊，主人乃命侍者捧大砚纸笔至，倩诸同文亲笔题句，陈觉是题"蜡炬半笼金翡翠"，包天白、倪古莲各题"翡翠馄饨"，柯定盦题"桥畔风光"，吴天翁题"嚼翠"，朱其石题"和田美玉"，高安题"尽东南之美"，余题"筵开翡翠"四字后即兴辞出，尚有寄痕、莲洲、怜颦所题，未之见也。

原载《申报》1928 年 8 月 10 日第 21 版

谈徽州裹

朱茉莉

沪上人士之嗜饮食者，近顷新兴一名词，曰"吃徽州裹去"。按徽州裹为徽人最嗜好之食品之一，味绝荷美，其名称则以所制之包皮原料而异，以面粉制者曰"面裹"，以玉蜀黍粉制者曰"苞裹"，以糯米粉制者曰"糯米裹"。其中以面粉制者能任意包何种馅，故面裹尤为人所欢迎。最近三马路大新楼以是裹鸣于时，余以其为故乡风味，颇思一试，适余空我饯别同乡许作人夫妇赴南京讲学，邀余偕室人同往，同座有孙深甫君伉俪，胥吾徽一时知名之士也。

是晚大新楼生涯大佳，座为之满，而来客大都照徽州裹、高丽肉、珍珠馄饨等物，但大新楼制裹仅一人，大有供不应求之势。堂倌以余等为空我罗致之客，则笑顾空我曰："今日怠慢矣，锅中之物，须先奉他客，君等皆故乡人，似应特别原谅也。"余等笑颔之，空我乃顾余曰："他菜皆可催其速陈，唯裹则不能，盖是间制裹者仅一人，为汪二狗子之徒，汪为徽州味古斋制裹铺之'老掌手'（徽谚谓精于此道者），乃大新楼礼聘而来者。"

已而瘦鹃先生偕其知友数人莅临，空我趋与语，深甫语余，是必吃徽州裹无疑。俄顷，果见侍者盛裹进，是则文艺界中人之嗜此，已成一种风尚，足见此裹之佳，非仅吾徽州人之口头称道已也。吾等食裹既竟，复进他肴，皆绝精，尤以高丽肉及珍珠馄饨为最味美。高丽肉之佳，在一松字，珍珠馄饨在一鲜字，是皆大新楼之特长，有非他家所能企及。是晚余食裹二，空我以主人故，仅啖其一，而以其一留送深甫，独作人远赴首都，首都少徽馆，恐此去，无复啖裹机会，故大啖特啖，终席尽巨裹四，兴犹未阑，乃为其夫人所阻止，扶醉归客舍，奈与诸友珍重而别。翌日，作人将行，余嘱室人制裹送之，并邀空我来寓大啖。虽然徽州裹人人会做，各有巧妙不同，以视大新楼，不能无逊色也。

原载《申报》1928 年 11 月 16 日第 17 版

新食谱

剑魂

社会人士，日日言废除阴历，而阴历新年习惯，终不能打破。以今岁阴历新年气象观之，觉一般人之点缀新年较前更形热烈，亦可怪也。不佞厕身商界，日与旧式社会相接触，更未能免俗。自阴历元旦起，终日仆仆，奔走于亲戚朋友之门，口有言，言恭喜，耳有听，听锣鼓。而数日间大饮大啖者，无非陈宿之年菜，甜腻之糕粽，厌苦甚矣。唯初三日迭尝异味，足令老饕快意，爰泚笔记之，聊当食谱，备阅者之仿制。

初至南成都路宝裕坊一朱姓亲戚家，进糖果茶点而后，侍者以荤果盘进，中多野味及最精致之蜡味，媵以美酒，曰利沙葡萄汁之属，听客自择，酒杯皆细窑，古雅绝伦，令人把玩不忍释。继至爱多亚路贝勒路[1]口泰安里推拿医生黄汉如家，饱啖点心，尤令人念念不忘。黄故盐商中落，发愤而以医起家者，故不脱旧时食不厌精之习气。是日以特制之鲭鱼馅酥盒及中华糕饷客。中华糕者以香蕉精、苹果精、蛋清蒸糕一方，切之，片片作青天白日满地红之国旗形。此糕和青豆泥为青，和山楂为红，和奶油白糖为白，香甜适口，腴

---

1. 编者注：贝勒路即今黄陂南路。

而不腻。另有粽子一种，兼咸甜二味，而不相混，半以火腿为馅，半以枣泥莲蓉为馅，闻系某巨商酬谢黄医之礼品。此外又有雀肉饼，味亦佳妙，则为一西人所馈，此人久居沪上，喜与我国人交游，患痼疾，百药罔效，经黄氏治愈，故馈物以点缀新年也。据同座之客云，黄氏每年治愈病人，不下千余，平均计之，百分之三于诊金外另有酬赠，以故岁时伏腊，恒得饱啖各地特别之美味也。

原载《申报》1929 年 2 月 28 日第 20 版

老饕赘余录

王梅璪

　　海上纷华，达于极点，即以食品而论，但使袁头效命，子公食指之动，何曾万钱之日食，直如土芥矣。然嗜好酸咸，各有所异，予固不能穷极奢靡，享尽今日之口福，而有时与素心人随意饮啖，饶有余味，转有唾弃一切之概。上星期六午后，得寸椷招饮，其人则三世旧交，其家固近在咫尺，其平日固食不厌精，物不期侈，我之服膺垂涎者几四十年，而最近忽忽不相见三月有余，书来一纸欢万千，如约而往，其乐无既。相见一揖后，略叙间隔，而十一岁之女公子已捧一瓯，立于客右。急受之，芳甘沁齿，则野蔷薇露点六安毛尖茶也，即此一瓯，可抵七碗。谈逾二十分钟，进糯米糕一盘，糕作斜方式，厚寸许，中嵌鲜莲实、红山查，又微带绀碧色，米烂而松，味甜不腻，齿颊间又习习生凉风，盖以鲜薄荷汁调米，多用果而少用糖，乃得此味也。

　　戌初一刻，主宾入座，两女公子排比而横坐。酒用陈花雕，各手一壶，自斟自饮，四小碟，器具精良，皆雍正五彩窑，盛以南腿、糟鸡，侑以伴洋菜、卤面筋。物皆常品，而南腿有奇香，裹以荷叶而蒸之也；糟鸡粉嫩，用童子鸡蒸，以热糟成于一小时内也；伴洋菜略加糟油，卤面筋醮以芝麻，

華蘊王 攉梅王 靈湘楊 之炳蔡 魚夢曹 棠桂鄭 圃玉許

刊载于《骆驼画报》1928年第18期

几如光颜用兵，壁垒旌旗，改观变色矣。

酒缓饮，不劝亦不阻，温凉合度，疾徐任便。旋献脑羹，完全以猪脑、虾脑调和而成，加嫩豆腐丁以助其腴，糁胡椒末以生其香。主人曰："凡物不可无主脑，以此物当首选，似比海错取自舶来者良。"其小女公子方七岁，插言曰："惜哉，悔不独用虾脑。"问何故，曰："吾厌猪脑太腻，且一羹而有二脑，则物有两大矣。"予拍案叫绝，为连引满。

继进水晶鸭，主人曰："是以鲜鸭渍以椒盐，沁以坚冰，焞以沸汤，不使久煮者噫。"宜其香鲜肥嫩若此矣。

肴凡五簋，余三簋，则一为秋苋，一为葫芦提肉，而殿之以台鲞蒸豚蹄，沉浸浓郁，含英咀华。其葫芦肉尤新颖，以大如饭碗口之葫芦，中实肉丁，肥瘦均匀，微含卤汁，又有葛仙米少许搀入，上仍覆以连蒂之盖，用箸去盖而食之，故曰葫芦提肉。予笑曰："天下事固以葫芦提为妙也。"

席间或谈书画，或究金石，或为两女公子讲有兴趣之故事，予以不在餍饫范围以内，不具述。酒罢，用五味姜点普洱茶饷客，古色古香，视加非[1]之流行品何如。其居安在？卡德路之祥福里也。其人为谁？工书善画之吴兴周乙□[2]也。

原载《申报》1929 年 8 月 24 日第 21 版

1.编者注：加非即咖啡之别名。
2.编者注：原文此处缺失。

密采秋餐录

芗垞

　　长天如素，秋意薄人，夜凉乍嫩，颇思大嚼，适友人冯君退食过我，煮茗清谈，兼及食谱，深以海国酒家，大都历遍，欲尝异味，聊快朵颐，而营斯业者，类皆虚誉，殊鲜美供，君今日能举其佳者，即当共过屠门，以慰饕餮之嗜。

　　余谓西餐虽多，采香论色，诚难慰长辈之欲望，唯爱多亚路洋泾桥南畔有法国酒肆密采里者，红楼小筑，烹庖绝精，异国名馐，此为上乘。匪但羌煮猫炙，极尽山肤水豢之美，即论芹螯薄鲊，亦留肥醲甘脆之真，四簋八瑚，三弋五卵，不俭不奢，令人口爽。曾忆《事物绀珠》有云："煎鱼曰胏淯，肉曰寒。"该肆于此二肴，尤称绝技，辛酸悉称，调玫瑰五味之和，而青叶紫芽，更觉衬配悦目。海外易才，新修岩馔，有此美食，差强人意耳。冯君聆毕，食指频动，亟驱车命酒延宾，共谋醉饱。讵料是夕所治肴馔，益属美备，就中最美者，脍羊肉一味，不知以何种手续，而虞腴美皆是。又小面食一种，和茄烹之，清腴并擅。自其甜食为白粉冻，配以鲜梨，既芳且旨，尤陈独绝。冯君至是方知余言非溢美，而众宾亦皆满意不置也。

　　　　　　　　　原载《申报》1929 年 9 月 15 日第 21 版

赤松子

君美

昨于王君春宴席上，识一菜，厥味鲜美，酸香沁肺，外裹黄泥，曰赤松子。以其形似，坐客皆老饕，骤睹之下，均不知为何物。诧为尝所未尝，苦不知其食法。以询王君，君曰："是不难，子等以竹筷去其泥，而揭其纸，先吸其汤，更去其壳，而蘸醋以食，当别有妙味也。"于是坐客皆跃跃欲试，一时竹筷声，呼吸声，剥壳声，同时杂作，皆以为破天荒妙菜。请述其制法，王君曰："此余家肴，法以生鸡蛋一枚，磨一小洞，注以虾肉，益以酱油，佐以味母，内层工作既毕，复以硬纸封其洞，辣酱涂于壳上，贮醋钵中浸三四分钟，取贮碗中，隔汤煮之，便熟。其味之佳，无殊山珍海味也。"归而纪之，余味津津，不欲举以自秘，爰纪之以供同好。

原载《申报》1930年2月12日第17版

冯蒿叟之与冻豆腐

郑逸梅

献岁以来，气候凛兢，檐际冰筋，垂垂盈尺，家人购冻豆腐，和豚儿肉煮之，用以佐酒，别饶风味。客有与故词人冯蒿叟有旧者，因谓蒿叟嗜啖冻豆腐，饮酒销寒，匪冻豆腐不可。曾吟有《冻豆腐长歌》一首，惜散佚不复存稿，否则大可与随园老人龁首一记同传诵也。

熏风扇夏，啖李剖瓜之余，更必以冻豆腐荐馐。但天暑，豆腐无从而冻，则于隆冬预为储之。法取冻豆腐，曝之于日，待其冻解为水，水干，豆腐坚硬似铁，然后瓮以藏之，加封务求其密，则可久储不坏。夏日，发瓮煮为馔，爽美无与伦比。蒿叟啖之，津津有味，为之健饭。蒿叟善书，曾云："临池有六宜，宜夏晨清风，宜冬午暖日，宜品茗余，宜薄醉后，宜慧婢捧砚，宜明僮焚香。"非隽人不能作此隽语。

蒿叟颇喜诙谐，尝与客长谈，时岁暮天寒，晚来欲雪，蒿叟留客夜饮。酒酣，蒿叟曰："古人所谓岁寒三友，非松竹梅乎，然则我与三友有夙契矣。"客询之，则曰："今以松菌、豆腐，佐竹叶清酒，而君署梅溪，是亦三友也。"客为之莞尔。倾觞者再，不知门外积雪，深深已没马蹄。

蒿叟,金坛人,字梦华,曩为沪上寓公者有年,盖遗老之一云。

原载《申报》1931 年 1 月 20 日第 13 版

曼殊大师之"吃"癖

稚笙

　　在西历一八八四年（前清光绪十年），曼殊大师（苏玄瑛）降生在日本的横滨。大师具有天赋过人的聪敏，革命的思想，和落拓狷洁的性情。在并不十分努力之下，国文梵文英文法文和日文都无一不精，并且他也善于绘画，其清静淡雅的风趣也是平常人所不能够企及的。他的创作翻译诗文小说很多，这里暂且不谈。在本文里面所要说的是曼殊大师一样最大的癖好——便是"好吃"。"吃"虽然不能算做嗜好，但是像他这样爱吃，而且拿来形诸笔墨，也是很少见的了。我们在他与友人的书信里，可以找到许多关于"吃"的材料。例如：

　　……! 生鲍鱼加糖酢拌食，味究不恶。病后不敢多进，每次仅一碟，当无害耶？……

　　　　　　　　　　　　—— 致费天健书

　　连日吃八宝饭甚多，然非吾之所谓八宝耳。……

　　　　　　　　　　　　—— 答柳亚子书

　　……又闻素君能制蜜枣，真欲吊人胃口耶？（中略）十层酥实不如枫山远甚。……

　　　　　　　　　　　　—— 答邓庆增书

　　……或至小蓬莱吃烧卖三四只，然总不如小花园之八宝饭也。

——致柳亚子书

……午后试新衣，并赴源顺食生姜炒鸡三大碟，虾仁面一小碗，苹果五个，明日肚子洞泄否一任天命耳。……

——致邵元冲书

我们看了以上几段话，便知曼殊确是好"吃"之流，尤其最后的一段话，因为口腹之快竟连肚子受罪都不管了。虽然如此，但是究竟因为他身体太不好了，并且胃病很深，还是不免在饮食上受了医生的限制，这实在是使他感到极大的不快的，所以他在给朋友的信里，就要吐一吐委曲。我们且看下面这几段话：

……瑛今晨尚觉清爽，能食面包牛乳。医生禁余吸雪茄，日服药三次，其苦非常。但得时往亲友家大吃年糕，医者不知之也……

——答何震生书

……瑛连日略清爽，因背医生大吃年糕，故连日病势又属不佳；每日服药三剂，牛乳少许。足下试思之，药岂得如八宝饭之容易入口耶………

——答柳亚子书

……? 今日复静卧。医者甚严厉，不许吸雪茄，

吃糖果；饮牛乳可可，糖亦不准多放；余甚思一飞
来沪大吃耳。……

—— 致陈陶怡书

……余屡问医生：吾病何日可愈？何时可至上
海食年糕八宝饭？医生笑而不答……

—— 致陈陶怡书

……唯医者屡次吊人胃口，余甚思至沪吃八宝
饭也。……

—— 致何震生书

由以上几个例证，我们更知道曼殊除了对于医生的限制，
表示怅憾之外，并且还背了医生去大吃年糕，以致增病。在
民七曼殊病重居海宁医院时，也曾不顾医生的嘱咐而偷吃栗
子，肠胃病加重起来，因而不起。此公之于"吃"，大概有
不解之缘的。曼殊一生，豪放不拘，得钱便花去，因而时常
因为阮囊羞涩，不能偿其吃欲，未免有怅然之感，所以对于
朋友们银钱上的帮助，使他能畅吃一顿，是件极高兴的事了。
为了同一的缘故，对于食物的价钱，他也是很关心的。我们
试看下面两个例证：

……今日幸有新银团加入，不致经果子店窗前
望望然去之……

—— 致邵元冲书

欧洲大乱，吕宋烟饼干都贵，摩尔登糖果自不

待言……

—— 致柳亚子书

曼殊一生时常往来中国日本之间，有时因为身居东瀛，便不免心生"味在中土"之思的。如：

……某君劝昌勿归，然则中秋月饼，且无福消受，遑论其他？

—— 致邵元冲书（本书署名王昌）

……尚有两月返粤；又恐不能骑驴子过苏州观前食采芝斋粽子糖，思之愁叹……

—— 致柳亚子书

俗语说"梦是心头想"，果然不错的。曼殊有时因为食欲之不能满足，便形之于梦寐了。例如：

……除夕梦至海上吃年糕及八宝饭。……

—— 致何震生书

……昨夕梦君见滕上蒋虹字腿，嘉兴大头菜，枣泥月饼，黄垆糟蛋各事，喜不自胜。比醒，则又万绪悲凉，倍增归思……

—— 致柳亚子书

以上两段的梦境的述说，虽未必真，然而总可知道他对于"吃"是具有莫大欲望的。因而他的朋友们也有时馈送他一点食物。如：

> ……月饼甚好！但分啖之，譬如老虎食蚊子，先生岂欲吊人胃口耶？此来幸多拿七八只……？黄先生何以不送西洋点心来也？（中略）余但静卧，以待先生将月饼来也。
>
> ——致徐忍茹书
>
> ……摩尔登糖二百七十三粒，夹沙酥糖十盒，红豆酥糖十盒，敬领拜谢……
>
> ——答邵元冲书

从以上这些个引证看来，可知曼殊更是个天真有趣的人物。他肯坦白地说出他心里的话。像他背医生吃年糕，因吃不着采芝斋的粽子糖而愁叹，和盼望朋友多送来些月饼之类的言词，也的确有些幽默的调调儿了。

我们总起来看，曼殊对于吃的选择，也是很精的。如同吃粽子糖必要是采芝斋的，吃八宝饭是要小花园的，这也颇似北平人吃羊肉必须是正阳楼的方好，吃酱菜必须是天源的方佳，然而对于食品的品鉴，也不是容易事，必须要经多方面的尝试，方能做一个精确的判断，然后才能说对于吃之一道是有了相当的研究。

不错，曼殊好吃，尤其好吃糖果。如酥糖、粽子糖、可可糖、八宝饭和摩尔登糖一类的东西。此外他还有一样论语同人所不禁的嗜好（便是吸烟），他喜欢抽雪茄烟，一天竟可吸二三十支之多，有一次因为手头拮据，竟不惜摘了口里的金牙去换烟吸，癖好之深也就可想而知了。他对于所嗜的食品，常常过量。有一次因为一气吃光了三屉的汤包，而三天不能起床，又一次因为连吃几大碗鲍鱼，而大泻不止。这样一个人，倒也有趣得很了。

在曼殊的书信署名里，也可以见到他是爱吃的，有一次他给何震生的信里，自称"糖僧"，又一次在给叶楚伧的信尾上，写着："曼殊书于红烧牛肉鸡片黄鱼之畔。"由这几点看来，曼殊对于"吃"，是有极浓的兴趣的。

但是，我们在看过以上几段事实之后，不要误会他只是一位馋嘴的人，他原来是一位有着热血的青年，他因为"身世有难言之隐"，和污浊社会的逼迫，行为上便不免流于奇特了。

并且曼殊对于社会国家是异常关心的，也就因为太关心的缘故，而感到了莫大的失望，于是便乱食狂餐，自促其生，终于因胃病过重而不起。曼殊一生的孤独，不得志，和高贵的人格，也着实够我们怜悯敬仰一番的了。

二十五年春于旧京

原载《论语》1936 年第 86 期

后记

孙莺

　　读《太平广记》，偶见青莲的记载，说湖州有染户家池生青莲花。刺史问染工，染工曰："吾家世治靛瓮，尝以莲子浸于瓮，俟经年，然后种之。"染坊里所用靛青即蓼蓝，早在先秦时代就已用做蓝色染料，故而《劝学》中有"青，取之于蓝"句。

　　旧时杭州有靛青弄，今已不见。上海的四马路亦有青莲阁茶楼，有长三堂子的红倌人在此清唱。茶客点戏，每次一元。每到初夏，荷花始开，青莲阁里就有荷花大少进进出出。

　　荷花大少是指专在夏季出现的摩登人物，头戴草帽，身穿华丝纱长衫，手里一根司的克，脚上一双白帆布鞋配雪白丝袜，满身洒满巴黎香水，招摇过市。到了秋天，天渐渐转凉，草帽过了时令，华丝纱长衫显得单薄了，却又无钱置办呢帽和夹衫，于是荷花大少黯然隐退，来年夏天再大出风头。正如《痴鬟徒文集》中云荷花大少"每当艾叶簪头榴花照眼之时，则大少奋臂而出。迨夫蓼花吐艳桂蕊飘香之候，则大少引身而退。一世生涯，不及三月"，可谓其传神写照。

　　说到荷，宜观赏，宜入菜。雅人眼里亭亭玉立之巧笑嫣然，到了俗人眼里则盘算着如何烹治如何煎炸。半俗半雅之人则百般为难，是吃呢还是不吃呢？借民国文人瞿道援之言："花瓣裹以薄面，置油中煎之，略置以糖味，甚美。惟花瓣宜用其自落者，否则焚琴煮鹤，大煞风景矣。"以自落之荷花瓣为菜，方得安心下箸。

以荷为菜，常见的有炙荷瓣和荷花片两种。炙荷瓣是将花瓣洗净，糖渍，薄裹淀粉，用油轻炙，此菜宜冷食。荷花片是将盛开的荷花瓣浸入薄面浆中，挂浆置油锅中微炸成淡金黄色，而后蘸糖粉吃，此菜宜热食。"炙"的本义为"烤"，而"炸"则是把食材浸入热油中使之熟，由此可见炙荷瓣与荷花片两道菜的口感之别，一个轻软，一个脆鲜。

荷花能酿醋。六月至，江浙一带善治烹的巧妇，便开始酿造荷花醋。方法是以清晨带露之荷花瓣，拌入面粉，比例是面粉一斤，荷花七朵，以此类推。分搓成数小团（或饼形），悬在通风的地方，二星期后取下。此时面粉内繁殖了许多醋菌，即醋母。把醋母和入已浸泡过一夜的糙米里，密封之。天气愈热，醋菌发酵愈盛。一个月后，倒出来，装入布袋，压榨出汁水，即为荷花醋。

有时听雨隔窗眠，湖声十里钱塘晚。荷叶可听雨，可烹茶，亦可为馔。最著名的荷花茶莫过于《浮生六记》中"夏月荷花初开时，晚含而晓放，芸用小纱囊撮条叶少许，置花心，明早取出，烹天泉水泡之，香韵尤绝"。此荷花茶非芸娘首创，

《云林遗事》中就记载有元代文人倪云林的莲花茶：

> 莲花茶。就池沼中择取莲花蕊略破者，以手指拨开，入茶满其中，用麻丝扎缚定，经一宿，明早连花摘之，取茶纸包晒。如此三次，锡罐盛扎以收藏。

文人墨客之荷叶茶，读过即可，无从效仿，家常荷叶茶则可试试。取新鲜荷叶一张，洗净，依经络撕成小块，置于大碗中，并砂糖少许，煮以代茗，能祛除暑气。

荷叶粥亦是盛夏常见之食，然荷叶粥并非是将荷叶放入粥中同煮，而是在烧粥时，将一张连梗新鲜荷叶盖在米上，俟粥初沸时，再将荷叶取下，其粥色微碧，芳香满口。

古人还有以荷叶饮酒的。用鲜荷叶一张，在正中用银簪刺通，使叶梗贯通，然后渗入酒少许，倾出饮之，有荷叶香气。这种就近乎游戏了，风雅无从说起，附庸而已。

浙江人在夏天常用荷叶包茄子，烧荷包茄。茄子去皮，对切，挖空，填以菌菇、笋丁、毛豆等为馅心，再合一，外裹鲜荷叶蒸熟。吃的时候，将荷叶剥去，略浇醋少许。茄肉夹杂荷叶清香，颇为开胃。荷叶饭也常见。将洗净糯米拌以酱油，加入咸肉、火腿等，用新鲜荷叶包起来，上笼蒸熟，这和广东人用干荷叶包着糯米和鸡肉蒸熟的糯米鸡类同。

诸暨乡间常以荷叶肉待客，做法有两种，一是以荷叶包裹粉蒸肉蒸之，最为常见。所谓粉蒸肉是把猪肉切成方块，和以冰糖、酱油煮到熟烂，出锅时涂以炒米粉，用鲜荷叶包好，放在笼内蒸熟。若肉上加以上等的乳腐汁，味尤美。另一种荷叶肉则少有人尝试，是用荷叶整片与粉蒸肉层叠而上，再以荷叶盖之，油腻被荷叶吸收，荷叶之香气渗入肉中，所谓清而腴即如是。

荷叶用途甚多。乡下孩童把荷叶当箬笠，雨天遮雨，晴天遮阳。村口的茶食店主则把荷叶裁得整整齐齐的，若有人来买糕干、豆腐干、冰糖等，店主就用两张荷叶包裹起来，扎得方方正正，上面放一张红纸，拎着走亲串戚，很是体面。

荷花谢，结莲子。莲子以福建和湖南产的最有名，被称为建莲和湘莲。建莲以建阳、建瓯出产的口莲为上，所谓"口莲"，是指脱去皮心的莲子。口莲的妙处就在于一烧即酥，甜香软糯。还有一种红莲，即未脱去莲衣和莲心的，口感稍嫩，亦不输口莲。湘莲是指湖南衡州出产的莲子，亦不差，只是比不过建莲有名。

新鲜莲子可生食，清香适口，亦可炖汤煨粥。有一种薄荷莲羹是把新鲜莲子剥皮，置锅内煮熟，加入薄荷汁和冰糖屑，冰镇食之，清凉解暑，是夏季的恩物。郑逸梅在《百衲语》中忆及莲羹的制法："取莲房中剥出之鲜莲药，磨之成粉，而用绢沥汁，和糖煩煮，饮之清芬甘美，非市售之莲子羹所能及，惟海上不产莲，鲜莲药难得耳。"

夏日除了莲羹，还有莲子冻。把洋菜用沸水化成汁，放入煮酥的莲子和冰糖，碗外用冰镇之，待其凝结，切成小块，明透如水晶，莲子颗颗皆可数。

乡下无洋菜，只有木莲子，即薜荔，清人吴其濬的《植物名实图考》中谓"木莲即薜荔，自江而下皆曰木莲头，俗以其实中子浸汁为凉粉以解暑"，亦可做莲子冻。知堂写绍兴城门，谓"黄昏时入城来，城楼半废，墙上满生薜荔"，可见这木莲子在乡间随处可见。

苏青在《夏天的吃》中忆及宁波外婆家的木莲子冻：

> 长工们常在山上采来许多木莲子，一只只像秤锤般，草绿色，比梨略小。他们不知用何法把它结成乳白色凉冻块我可不详细了，只知道结好后用木桶盛着，吊在井里使冰凉，然后用蓝花粗碗舀来吃。我也跟着他们吃，外婆特地为我熬好糖露，加上薄荷汁，薄荷叶子也是自己在野外新鲜采得来的，炼成汁，喝起来齿颊生香。后来我回到自己家里，这可比较细气了，是用洋菜结成冻，冰之使凉透，加上某一种果子露，那自然更好吃了。

洋菜即琼脂，儿时家中常用来做水果冻和牛奶冻。只是我妈不爱吃甜食，只肯放少量的绵白糖，寡淡无味。我若赌气不吃，我妈便浇上一勺蜂蜜端给我。如今万事皆休，前尘旧事，不提也罢。

莲子与白米同煮，为莲心粥。旧日上海，夜半时分，幽深深的弄堂里远远传来一声"五香茶叶蛋……白糖莲心粥……"，声声直入梦。梦里有人在耳边唱儿歌："笃笃笃，卖糖粥，三斤蒲桃四斤壳，吃侬肉，还侬壳……"

入秋，藕上市了。藕的吃法甚多，嫩藕生吃凉拌俱佳，半老的藕用来做藕夹。制法很简单，将鲜藕去皮切片，两片间加入拌好的鲜肉馅，裹以面糊入油锅炸至金黄即可。

江南乡下还常吃一种藕圆，有荤素两种。素藕圆是将藕刨皮去节洗净，擦成藕屑，和淀粉揉成团状，入热油煎成金黄色，以白糖渍而食之。荤藕圆则用半老半嫩之藕磨细成汁，连汁倾入切好之肉中，调和均匀。比例大约是肉十成，和入藕质二成。团成肉圆，入沸油炸成嫩黄色。其味清香，入口酥松，绝非纯肉圆可比。此菜的秘诀在于入藕二成，藕多肉少则松散不成形，藕少肉多则失却藕圆本意。

还有主妇自做藕粉的，将极老多粉的鲜藕捣烂成汁，用布绞去渣滓，把藕汁加入白糖，入锅搅拌为粉浆，藕香扑鼻，绝非市上所售藕粉可比。

此篇后记，由《海上食事》中所收云裳的《夜食杂谭》而引发：

> 宵夜点心，尽多终年常有者，而在这二三个月里，最时髦的要算藕粥了。在上海四马路的几条弄堂里，往往有藕粥摊设着。价钱十分便宜，不到十个铜子，就可给你吃一饱了，况且吃的时候，同时你还可以随意加糖，考究一些的摊上，在盛给你的

时候，他们还得放上些金黄色的糖桂花，放在上面。

记得三四年前，四马路满庭坊有一个藕粥摊，主其事者，为一半老徐娘，她的藕粥摊，较任何人收拾得干净，而在每碗藕粥里，更放上几条美艳的红绿果，并加上几颗酥烂的莲心，而且招待周到，口齿伶俐，以致吃客常满，把该处一带的藕粥摊，生意抢得冷冷清清，后来她于是年秋不知为了什么缘故把该摊收歇了去。已古诗人徐志摩，数年前亦为该摊每天老主顾之一，曾有"冰丝香还冷，琼液味正甘"之诗句以誉之。

云裳文中虽追忆夜宵点心，然笔触不止于此，字里有山河故人之慨，令人惆怅不已。亦如我写此篇荷菜之烹制，犹念及旧时诸多人事，正是"如今薄宦老天涯"，人到中年，读欧阳修诗，常默然无语。